見つけて楽しむ

身近な野鳥の観察ガイド

編著　梶ヶ谷 博　日本獣医生命科学大学名誉教授
著　　西 教生・野村 亮・山内 昭

緑書房

はじめに

本書は、鳥が好き、鳥を見たり鳥の鳴き声を聴いたりすることが好き、そして散歩や山歩きが好きといった方を主な対象としています。もちろん、鳥たちを本で見るのが好きという方も大歓迎です。好きだからこそ、もっと鳥のことを知りたいと思っている、しかし、何をどうすれば良いのかわからない、鳥がどこにいるのかもわからない、せっかく見つけても手持ちの図鑑をうまく活用できない…そういう方のために作りました。

もし、あなたが散歩にでかけて鳥を楽しみたいと考えているならば、鳥類図鑑にある200種類以上もの鳥種を覚える必要はありません。日常の環境でいつも見られる鳥の種類はせいぜい30種類前後のはずです。よく見られる種類を覚えてしまえば、散歩は言うに及ばず、普段のバードウォッチングですら、十分に楽しめます。

その一方で、野外で鳥を楽しむ方々とお話をして日々感じるのは、鳥の種類や識別法、分布などにはとても詳しいのに、鳥たちのからだや行動の不思議に対して無関心であったり、鳥と関係が深い環境に思いを巡らせる人は案外少ないという点です。そうしたことから、本書は鳥を見つけたいビギナーだけでなく、これまでと違った鳥の楽しみかたに触れたいと思うベテランバードウォッチャーにも参考になるような構成にしました。

このような理由から、本書は鳥の識別図鑑ではなく、鳥の観察図鑑という立場をとっています。あちこちに鳥と環境、鳥の行動の不思議を考えていただく際のヒントを散りばめたのはそのためです。本書が、鳥たちの世界に向けるあなたの目を、これまで以上に豊かにする手助けになれば幸いです。

2019年2月

著者一同

目次

鳥を見つける・観察する

豆知識

身近な鳥たち

サムネイルインデックス

本書の特長と構成

本書は主に3部で構成されています。

1 鳥を見つける・観察する

鳥がもつ習性や行動などの不思議を通じて、新しい視点での鳥の見かたと鳥の見つけかたを紹介します。読み進むにつれて、基本となる鳥の種類と見つけかたに次第に慣れていくでしょう。どの写真も野外で遭遇する確率が高いものばかりなので、「目を慣らす」ためにも役立ちます。

2 豆知識

鳥たちにまつわるエピソードや、野外で役立つ知識を紹介します。日常の雑談や野外での一休みの話題になれば幸いです。

3 身近な鳥たち

日常で出会う可能性が高い鳥を紹介します。一般の図鑑よりも掲載種はずっと少数です。本書に掲載した飛翔写真は翼の構造や色調を見るときに参考となるでしょう。また、できる限り多くの種類で若い個体を取り上げています。

本書は主たる分担を次のようにしています。
鳥を見つける・観察する：梶ヶ谷 博
豆知識：梶ヶ谷 博、野村 亮、山内 昭
身近な鳥たち 解説：西 教生
身近な鳥たち ワンポイント：野村 亮、西 教生
身近な鳥たち 撮影：山内 昭
掲載した写真には、撮影地域と撮影月を記しています。撮影者は原版の著作権者として、上掲の山内 昭を中心に次のとおりです（五十音順）。
梶ヶ谷 博、川澄知典、野村 亮、西 教生、山内多佳子

鳥の鳴き声について

本書は「鳥の姿を見つけられるようになること」を大きな目標としており、鳥の鳴き声から種類を識別することは目的としていません。鳥の鳴きかたの違いに関してはあまり触れていませんが、一部で環境別に紹介していますので参考にしてください。

鳥の鳴き声は、繁殖期によく耳にする「さえずり」と普段の鳴き声である「地鳴き」に分けられます。野外では、典型的な場所に止まっている姿や飛んでいる姿から鳥を見つける方法と、こうした鳴き声をきっかけに鳥を見つける方法があります。鳥の鳴き声は、鳥がどこかにいることを示すサインであり、野外で鳥を見つける重要な手がかりになるのです。鳥のいる方向や距離を知る指標にもなります。

なお、野外で鳥の鳴き声から種類がわかれば楽しいだろうといった意見を多く聞きます。しかし、鳥の鳴き声は鳥の種類によって異なるだけでなく、同じ種類の鳥でも鳴き声が様々なことが多く、さらに成長段階や地域によって差が見られたりもします。地鳴きに至っては、その意味さえもほとんど解明されていません。たしかに、鳥の鳴き声で種類がわかれば野外での楽しみは格段に増しますが、そのためには本書とは別の、まさに経験とトレーニングが必要となるでしょう。

からだの名称

本書で紹介しているからだの名称は次のとおりです。

口角隆起
生後間もない若い鳥に見られる口角周囲に盛り上がった黄色い部分を指します。これは英語圏では「Oral flange」と呼ばれますが、本書では参考文献11に基づき上掲の表記としました。

用語の定義

学名
ラテン語による属名と種小名の2語を組み合わせて生物の名称を表記したものです。たとえば、ツバメの学名である「*Hirundo rustica*」は、「*Hirundo*」が属名で「*rustica*」が種小名です。
※本書で扱う鳥類の学名は、日本鳥類目録改訂第7版（参考文献18）に準拠しています。

亜種
種よりも下の分類単位です。同種でも羽色や大きさなどに違いがある場合、亜種として区別することがあります。

自然分布
ある種が自然に分布していることを指します。日本では外来種であるガビチョウやコジュケイなどは人為的に分布が広がったものであるため、自然分布はしていません。

幼鳥（ようちょう）
一般には幼羽を身につけている個体を指します。幼鳥では親鳥からしばしば給餌を受けています。

若鳥（わかどり）
幼羽から換羽をして第1回冬羽になった個体で、成鳥羽を獲得するまでを指します。

成鳥（せいちょう）
成鳥羽を獲得した個体を指します。しかし、成鳥羽を獲得する前に繁殖する種類もいます。
※幼鳥や若鳥といった表現は、境界や定義そのものが厳密ではないため、本書では成鳥に至るまでの鳥をまとめて「若い個体」という表現に統一しています。

さえずり
一般には繁殖期の雄が、縄張りを主張したり雌を獲得するために発する複雑で長い鳴き声をいいます。

地鳴き（じなき）
雌雄ともに発する、短く単純な鳴き声をいいます。

渡り
繁殖地と越冬地を定期的に往復する移動のことを指します。

留鳥（りゅうちょう）
その地域で一年中見られる鳥のことです。

夏鳥（なつどり）
その地域で、主に夏期に見られる鳥のことです。春に南方から渡ってきて繁殖し、秋に南方へ向かい越冬します。

冬鳥（ふゆどり）
その地域で、主に冬期に見られる鳥のことです。秋に北方から渡ってきて越冬し、春に北方へ向かい繁殖します。

旅鳥（たびどり）
その地域を春と秋の渡りの時期に通過する鳥のことです。

換羽（かんう）
多くの鳥で見られる、年に一度全身の羽毛が抜け替わることをいいます。羽毛がいっぺんに抜けてしまうと体温が保てなくなったり、飛べなくなったりするため、一般に夏から秋の間に何日かかけて抜け替わります（カモ類などでは風切羽が一斉に抜けるため、飛べない時期があります）。種によってどこの羽毛から抜け替わるかは順番が決まっており、ほぼ左右対称におこなわれます。一年間使った羽毛は、陽に焼けたり擦り切れたりしています。また、全身の羽毛のうちの一部や、春に換羽するものもいます。

ディスプレイ
誇示行動のことです。この行動はコミュニケーションの1つで、求愛や威嚇などの意味があると考えられています。

貯食（ちょしょく）
食べ物を一時的に蓄えることです。蓄える場所は樹上や地上などで、モズのはやにえも貯食行動の1つと考えられています。

縄張り
同種のほかの個体の侵入を防ぐ空間です。繁殖期にはつがいの多くが縄張りを作り、その中で子育てをします。モズやジョウビタキなど、越冬期に単体で縄張りをもつ種もいます。

ホバリング
羽ばたきながら空中の1点に定位することです。

営巣（えいそう）
巣を作ることを指します。

ねぐら
鳥類が夜を過ごす場所のことです。単独でねぐらをもつ種もありますが、多くの個体が集まってねぐらを作ることもあります。

ヘルパー
繁殖中のつがいの子育てを手伝う個体を指します。

托卵（たくらん）
他種の巣に産卵し、その巣の親鳥に雛を育ててもらうことをいいます。同種間で托卵する種もいます（種内托卵）。

鳥を見つける・観察する

よく見られる鳥たちの名前

はじめに、野外観察などでよく見られる鳥の名前だけを列挙します。名前を聞いたことがある鳥がかなりいませんか？ ただし、ここに知らない鳥がいたとしても、この段階では、くれぐれも名前を覚えようとはしないでください。無理をして記憶しようとするような努力は、趣味の楽しさを台無しにします！

p.120 エナガ［神奈川県横浜市 11月］

お気づきでしょうが、右ページの、左側の列（●）は街中や林でよく見られる鳥たち、右側の列（●）は池や川、海で出会うことの多い鳥たちです。日常の散歩でこれだけの数の鳥種を実際に見たり、鳴き声を聴けたら素晴らしいことです。

- イカル
- ウグイス
- エナガ
- オオタカ
- オナガ
- カワラヒワ
- キジ
- キジバト
- コゲラ
- シジュウカラ
- シメ
- ジョウビタキ
- スズメ
- チョウゲンボウ
- ツグミ
- ツバメ
- トビ
- ノスリ
- ハシブトガラス
- ハシボソガラス
- ヒバリ
- ヒヨドリ
- ホオジロ
- ムクドリ
- メジロ
- モズ
- ヤマガラ

- アオサギ
- オオバン
- オナガガモ
- カイツブリ
- カルガモ
- カワウ
- カワセミ
- キセキレイ
- キンクロハジロ
- コガモ
- コサギ
- セグロセキレイ
- ダイサギ
- ハクセキレイ
- ヒドリガモ
- ホシハジロ
- マガモ
- ユリカモメ

各列は五十音順

よく見る鳥たちの紹介

身の回りでよく見かけるであろう、あるいはよく見ていたであろう鳥たちを紹介します。順に眺めてみてください。ほとんどの鳥に見覚えがあったり、名前を聞いたことがあったりすると思います。

p.110 ホオジロ［長野県安曇野市 7月］

ホオジロが典型的な止まりかたをして、さえずっています。どこにいるかを見つけられますか？ この距離感は野外でしばしば経験されるものです。
正解は右下の写真です。

これから紹介する数十種類は、じつは日頃から姿を見たり鳴き声を聞いたりしている鳥ばかりです。この鳥たちは普段の散歩やバードウォッチングで一般に見られたり鳴き声が聞こえたりする鳥とほぼ一致します。周りの環境に少し目を配るだけで、これくらいの種類の鳥を私たちは見ることができるのです。

こんな鳥、公園で見たことありますよね

p.92 ハシブトガラス［神奈川県相模原市 3月］

p.94 ハシボソガラス［神奈川県相模原市 1月］

p.106 スズメの親子［長野県松本市 5月］

p.96 ムクドリ［神奈川県相模原市 7月］

p.98 ヒヨドリ［神奈川県横浜市 3月］

p.100 キジバト［神奈川県横浜市 3月］

こんな鳥にも会ったことはありませんか

p.204 トビ [神奈川県三浦郡 3月]

p.204 トビ [神奈川県藤沢市 2月]

p.170 ハクセキレイ [神奈川県三浦郡 5月]

p.172 セグロセキレイ [神奈川県相模原市 2月]

p.196 カルガモ [神奈川県横浜市 1月]

p.198 オナガガモ [千葉県習志野市 1月]

名前は有名だけど出会ったことはありますか

p.186 コサギ［神奈川県横浜市 3月］

p.184 ダイサギ［神奈川県横浜市 9月］

p.124 ウグイス［神奈川県横浜市 1月］

p.116 メジロ［千葉県習志野市 1月］

p.176 カワセミ［神奈川県横浜市 8月］

p.144 ツバメ［長野県松本市 5月］

あっ見たことある、という鳥たち

p.114 モズ［神奈川県横浜市 1月］

p.110 ホオジロ［山梨県北杜市 5月］

p.112 シジュウカラ［神奈川県横浜市 3月］

p.162 ツグミ［神奈川県横浜市 3月］

p.190 カイツブリの親子［神奈川県横浜市 7月］

p.182 アオサギ［神奈川県横浜市 6月］

たぶん見てるかも、という鳥たち

p.180 カワウ［神奈川県横浜市 6月］

p.180 カワウ［神奈川県横浜市 1月］

p.122 ヤマガラ［神奈川県横須賀市 9月］

p.108 カワラヒワ［神奈川県横浜市 1月］

p.168 ジョウビタキ［神奈川県横浜市 1月］

p.192 オオバン［神奈川県横浜市 2月］

なんだ、スズメじゃないか

「なんだ、スズメならよく知ってます」と、思ったあなたにお聞きします。次のようなことを考えてみたことはありますか？

●スズメはそもそも、そこで何を食べているのでしょう。スズメが去った後に地面を調べてみませんか。

p.106 スズメの群れ [神奈川県横浜市 11月]

●スズメが食べるものは季節によって違うのでしょうか。そうした動物の食べ物に関することは、食性調査という方法で調べます。

p.106 スズメ 若い個体 [神奈川県横浜市 6月]

●繁殖期にはたんぱく質の要求量が増えるので、虫を食べる比率が増えそうです。しかし、繁殖期以外でも虫を食べている姿が見られます。食べる量が違うのでしょうか。

p.106 スズメ 若い個体 [神奈川県横須賀市 5月]

●どんな場所に巣作りをするのでしょう。
●巣作りをする場所は、街中と郊外では違っているのでしょうか。

p.106 スズメの親子 [神奈川県横浜市 5月]

●飛び立つときに翼を先に動かしていますか、足で地面を蹴っていますか？
●飛び立つときに鳴いていますか？

p.106 スズメ [神奈川県横浜市 11月]

p.106 スズメ 若い個体 [神奈川県三浦郡 5月]

●群れでいるときに見張り役がいると思いますか？ 何かを察するとスズメは群れで一斉に飛び立ちますが、何かが合図になっているのでしょうか。不思議ですね。
●スズメにはさえずりと地鳴きはあるのでしょうか。群れで暮らすスズメも繁殖期を迎えると縄張りを作るのでしょうか。

p.106 スズメの群れ [神奈川県横浜市 1月]

なんだ、カラスか

「なんだ、カラスか」と、思いましたか？ しかし、次のようなことを考えながらカラスを見たことはあるでしょうか。

●ハシブトガラスとハシボソガラス、常にはっきり区別がつくのでしょうか。
●ハシブトガラスとハシボソガラスが全身真っ黒なのは何か有利なことでもあるのでしょうか。

p.92 ハシブトガラス [神奈川県横浜市 5月]

p.94 ハシボソガラス [神奈川県横浜市 11月]

●オナガやカケスもカラスの仲間です。なぜ、全身が黒くないのでしょう。ハシブトガラスやハシボソガラスが例外なのでしょうか。

p.148 オナガ [神奈川県横浜市 6月]

●夕暮れの山の上にハシブトガラスが盛んに鳴きながら群れで飛んでいます。このように、ハシブトガラスが群れるのはなぜでしょうか。同じように、ハシボソガラスも群れるのでしょうか。

p.92 ハシブトガラス [神奈川県横須賀市 8月]

●学習能力が高いといわれているカラス。でも、よく見ていると個体差がありそうです。
●カラスの雄と雌、互いにどのように認識しているのでしょう。声でしょうか。しぐさなのでしょうか。まさか、会話？

p.94 ハシボソガラス［神奈川県横浜市 4月］

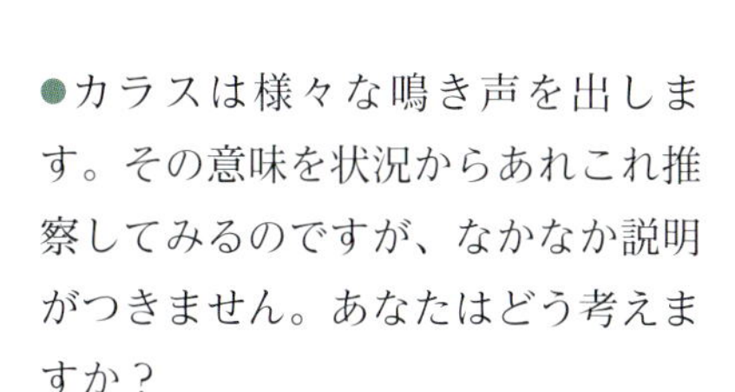

●カラスは様々な鳴き声を出します。その意味を状況からあれこれ推察してみるのですが、なかなか説明がつきません。あなたはどう考えますか？

p.92 ハシブトガラス［神奈川県横浜市 5月］

●道路上でカラスは飛ばずになぜ急ぎ足で歩いたり、ぴょんぴょん跳ねていくのでしょうか。飛ぶのが面倒だから？ それともからだが重たいのでしょうか。でも、セキレイ類は体重がとても軽いのに、いつも歩いています。

p.92 ハシブトガラス［神奈川県横須賀市 1月］

鳥の行動の原則を知りましょう

鳥たちの行動の基本は、繁殖期以外なら第一に食べ物と水場さがし、第二に外敵さがし、第三に休憩場所さがしです。そして必要がない限り、あえて疲れる行動をとらないのも野生下での大原則です。

●鳥にとって飛ぶことは、じつは大変なエネルギーを使う行為ですし、そもそも空にいると危険を伴います。鳥が飛ぶときは、移動するためといった何らかの目的があると考えて良いと思います。右の写真は**コガモ**です。

p.198 コガモ [神奈川県横浜市 4月]

●鳥たちは、繁殖期以外の時期にはこの**ヒヨドリ**のように、なるべく目立たない場所にいます。とくに小型の鳥は、目立つ場所に長い時間いることはあまりありません。危険はなるべく避けるのが、野生下での鉄則なのです。

p.98 ヒヨドリ [長野県松本市 5月]

●この**オオルリ**のように、繁殖期の雄がさえずりや縄張り宣言のために、危険を冒してでも一番目立つところで鳴くのはやむを得ない事情というものです。

p.126 オオルリ [神奈川県愛甲郡 4月]

●目立つ場所で大声で鳴くと、自分の居場所を外敵にも知られてしまいます。それでも仕方のないくらいの覚悟と理由(わけ)があるのです。樹上のカワラヒワも梢で長い時間鳴き続けていました。

p.108 カワラヒワ [長野県安曇野市 7月]

●群れでいるときには野生動物は大胆になります。その理由の1つは群れの仲間の誰かが犠牲になれば危険が分散するという確率論からきているともいわれています。それとも、単に怖いから一緒にいるだけで、皆でいれば怖くない心理なのでしょうか。

p.100 p.108 田んぼの鳥たち [神奈川県横浜市 1月]

上の写真を見てください。鳥の群れが農閑期の田んぼで何やら食べています。見事に背景に同化していますが、何の鳥がいるかわかりますか?
正解はキジバトが2羽と、カワラヒワが数羽などです。

鳥の行動の不思議

鳥の行動や生態の専門家は、野外で写真を撮るのではなく、肉眼で見ていたり、双眼鏡をのぞいたり、ノートに書いたりしています。何をしているのでしょう。

鳥の種類をたくさん識別することは、鳥の楽しみかたの1つに過ぎません。種類当て以外に、鳥の行動やしぐさを観察してみませんか。「あの鳥はいったい何をしているのだろう」「あの鳥は今何がしたいのだろう」「なぜあんな行動をするのだろう」、こうした疑問はとても魅力的ですが、それに対する答えは、専門家の間でもわかっていないことが多いのです。じっくりと鳥を観察してみると、きっとこれまでにない楽しさが加わりますよ。

●カメラを構えると、このキンクロハジロのように、鳥たちが少しずつ遠ざかっていくと感じたことはないでしょうか。安全な距離感は動物の種類や状況によって違いますが、こちらを嫌がっていることはたしかのようですね。でも嫌がらない状況もあります。どんなときでしょうか。

p.198 キンクロハジロ [長野県安曇野市 1月]

●コゲラが枯れ木を懸命につついています。どのようにして虫がいる場所を知るのでしょう。いろいろと説が出されていますが、そう簡単にはわかりません。一部の鳥では木の中の音を頼りに探し出すともいわれています。

p.128 コゲラ [神奈川県三浦郡 5月]

●5月の朝6時、早朝の誰もいない公園の広場でトビが盛んにミミズを獲っています。普段はあまり見られない行動ですが、それは時間帯によるのかもしれません。ともあれ、朝露に濡れた草原はミミズをさがすのに苦労しなさそうです。トビは人のお昼ごはんだけでなく、生きた物も食べるのです。

p.204 トビ [神奈川県三浦郡 5月]

●コサギが水の中でしきりに足先を震わせながら歩いています。これは食べ物となる魚や小エビなどを狩る行動のようなのですが、ダイサギも同じ行動をしているでしょうか。ぜひ、じっくりとサギたちの採餌行動を観察してみてください。

p.186 コサギ [神奈川県横浜市 3月]

●ガビチョウがマテバシイの実（ドングリ）をくわえて飛ぼうとしています。はたしてこんなに大きな硬い実をどうやって食べるのでしょうか。

p.142 ガビチョウ [神奈川県三浦郡 11月]

●真冬の公園でツグミがミミズを獲りました。人が広場でミミズをさがそうにもなかなか見つかりません。鳥たちはどうやって見つけるのでしょうね。音で探し出すともいわれていますが、やや距離があるところへと猛烈に走っていき獲物を捕まえたりしますから、音だけとは思えないのです。

p.162 ツグミ［神奈川県三浦郡 2月］

●メジロはよく花の蜜をなめに来ます。しかし、本当は何を口に入れているのかを知ることは簡単ではありません。写真ではお尻から一直線に液体が出ています。尿は白い尿酸なのでこのようには見えません。もしかすると液状の便かもしれません。何が起こったのでしょう。あれだけ出すくらいならなめなければ良いのに。

p.116 メジロ［神奈川県三浦郡 3月］

●ツバメには、常に飛びながら虫を捕食しているというイメージがあります。しかし、たまに地上に降りて食べ物をさがしている姿に出会います。その方が楽ならいつもそのようにしそうなものですが、どういう行動なのでしょう。地面でツバメが見られる時間帯や環境などで区分してみると何かわかるかもしれませんね。

p.144 ツバメ［神奈川県横浜市 6月］

●このシジュウカラは何をしようとしているのでしょうか。残念ながら最後まで見届けることができませんでした。何かを食べようとしていたことはたしかでしょう。鳥たちの食べ物はじつに多様ですが、環境に適応してそうなるのか、季節や体調で変わるのか、どうすればわかるのでしょう。

p.112 シジュウカラ［神奈川県座間市 4月］

●エナガは小さな群れで、明るい林の中を飛び回ります。シジュウカラやヤマガラと混ざって群れを作ることもあります。行動が似ていて、種類が違う鳥たちが群れを作ることにはどのような意味があるのでしょうか。食べ物が似ているので集団の方が食べ物を見つけやすくなると説明されることもありますが、皆でさがしたら食べ物が少なくならないかと心配にもなりますね。

p.120 エナガ［神奈川県三浦郡 6月］

●有名なモズの“はやにえ”です。この獲物はバッタです。そのほかにカマキリ、ミミズ、カエルやカナヘビなどいろいろなものが獲物になります。この行動の意味もうまく説明できないのですが、不思議なのはこうしたはやにえが地上から1m前後の高さに多く作られるということです。気になります。

p.114 モズのはやにえ［東京都福生市 11月］

●キジは穀類や虫など地面にあるものを何でも食べますから、どこででも暮らせそうです。しかし、山奥ではなく、なぜか、こうした農地や草原に多く棲んでいます。食べ物の種類だけが鳥の生息分布を決めるわけではないのです。分布に影響するものは、ほかに何があるのでしょうね。

p.138 キジ［神奈川県横浜市 5月］

●右の写真では、ムクドリたちが地面で何かをついばんでいます。さて、そもそもこの鳥たち3羽を見つけられますか？ 背景に同化して見にくいですよね。周囲に溶け込むような場所が安全と、本能的に思っているのでしょうか。不思議なことに、こうした行動はいろいろな鳥で見られます。

p.96 ムクドリ［神奈川県三浦郡 4月］

●ダイサギやコサギは真っ白です。自然界では白い個体は外敵に発見されやすいので生存しにくいとされるのに、なぜこんな進化をしたのでしょう。背景色と羽色との関係を調べてみると、白いサギがいる水辺では必ずしも白色は目立つわけではないのです。光の方向によっては水面の反射が見事にサギたちを隠してしまいます。あなたもいろいろな可能性を考えてみませんか。

p.182 p.184 p.186 p.196 サギの群れ
［神奈川県横浜市 8月］

ここにダイサギとコサギのほかにアオサギとカルガモがいるのですが、見えるでしょうか？

●このカワラヒワだけではなく、ほとんどの鳥にいえることですが、飛んでいるときの羽模様の鮮やかさは、止まっているときの姿からは想像できません。なぜ飛んでいるときにそのような模様になるのでしょう。不思議ですね。少なくともカワラヒワの雄と雌はほぼ同じ色なので、雌にアピールするためではないのかもしれません。

p.108 カワラヒワ
[神奈川県横浜市 2月]

p.108 カワラヒワ
[神奈川県横浜市 6月]

●多くの鳥は、繁殖期になると巣を作って卵を産み、雛を育てます。巣の形や大きさ、好む場所は鳥の種類によって様々です。一方、そのほかの時期は巣を作らず、夜はねぐらという集合場所で一緒になって眠るか、個別に森や林、電線の上などで夜を明かします。ねぐらの規模や作る場所、時期などはいろいろです。考えてみれば面白い習性ですね。冬になると巣の痕跡をあちこちの木の上に見ることができます。

p.182 アオサギの巣 [山梨県北杜市 7月]

p.106 スズメのねぐら [神奈川県藤沢市 8月]

●スズメが砂の中にうずくまっています。砂浴びといわれる行動ですが、何をしたいのでしょう。羽毛についた寄生虫を落とすためとか、からだを冷やすためなど、説はいろいろあります。

p.106 スズメ [神奈川県横浜市 5月]

●12月の朝9時頃、カワウがV字の編隊飛行をしていました。興味深いことに編隊が何組もできていて、同じ方向に飛んでいたのです。この飛行形態はしばしば航空力学的に説明されます。後ろに位置する鳥ほど楽に飛べるようなのです。それにしても自分はどの組に入るのか、どう決まるのでしょう。

p.180 カワウ [神奈川県三浦郡 12月]

●オオバンは冬の水辺でたくさん見られる鳥ですが、飛んでいる姿はあまり見ません。いかにも重たそうなからだと小ぶりな翼からして、長距離を飛ぶことは得意そうには思えません。この鳥が移動のために長距離を飛んでいる姿を見たいものです。もしかしたら、オオバンたちは川づたいに長距離を少しずつ移動していくのでしょうか。水を利用することは得意そうですものね。

p.192 オオバン [神奈川県三浦郡 3月]

p.192 オオバン [神奈川県横浜市 3月]

●朝4時半すぎ、カワウの親鳥が若い個体に食べ物を与えています。どの鳥が自分の子どもなのか、どうしてわかるのでしょう。それとも口を一番大きく開けた若い個体が食べ物をもらえるのでしょうか。観察していると、特定の親鳥が戻ったときに、特定の若い個体だけが反応するようにも思えます。親と子は互いの声で判別しているともいわれますが、それはどのようにして確かめたのでしょうね。

p.180 カワウ［神奈川県横須賀市 7月］

●ヒヨドリが木陰で休んでいます。動かない鳥はよほどのことがない限り、人の日で探し出すことは困難です。このじっとする行動は危険を察知した雛ではよくあるものですが、なぜ鳥たちは動かないことが安全だと信じるのでしょうか。逃げるという選択肢よりも優先するのはなぜなのでしょう。そもそも外敵から見えるか見えないかをどうやって判断しているのでしょうね。

p.98 ヒヨドリ［神奈川県横浜市 2月］

左写真中央の拡大像ですが、
それでもわかりにくいですよね。

鳥の世界は魅力が満載！
野外で鳥たちをさがしてみましょう

p.176 カワセミ［東京都福生市 11月］

距離およそ50mでカワセミを見つけました。見つけられましたか？
正解は下の円内の写真です。雰囲気をつかめば見えるようになりますね。
カワセミはとても小さな鳥なので、このように見えることが多いのです。

p.184 ダイサギと p.182 アオサギ［東京都福生市 11月］

およそ100m離れた場所から撮影したサギたちです。野外ではよく経験する距離でしょう。白いダイサギが4羽いることがわかりますか？
ところで、この写真にいる1羽のアオサギを見つけられますか？ この距離で小さな鳥を肉眼で見ることは不可能ですが、アオサギはダイサギとほとんど同じ大きさです。しかし、見えないでしょう？ ヒントは川の中です。
野外で鳥を見つけることは保護色との闘いです。

いざ、いつ、どこへ?

ポイント1　時間帯

●ところで思い立ったのは良いのですが、鳥にはいつ、どこに行けば出会えるのでしょう。ポイントの1つは時間帯です。季節にもよりますが、一般に鳥は夜明けとともに活動し、食べ物を求めて活発に飛び回ります。早朝は一日のうちでもっとも活動的な時間帯です。写真は夏の朝6時に撮影したシジュウカラです。樹上にいますが、見えますか？

p.112 シジュウカラ［神奈川県横須賀市 8月］

写真両端の●同士を結んでみてください。その中央あたりにいます。

●同じ早朝でも気温が比較的高い夏の方が活動は早めに始まります。冬の寒い日には同じ時間帯でもこのヒヨドリのように、まだじっとしていることがあります。

p.98 ヒヨドリ［神奈川県三浦郡 2月］

●朝が過ぎて昼を中心に夕方までの時間帯は、鳥がいないわけではありません。あちこちの林の中にはいるのですが、目立たない小さな動きが中心です。動かずに休んでいることも多いので、一般的に観察には不向きです。

p.98 ヒヨドリ［神奈川県横須賀市 6月］

●繁殖期で子育て真っ盛りのときは昼間でも活発に食べ物をさがす姿をよく見かけます。右の写真は食べ物を運ぶ**キセキレイ**の親です。

p.174 キセキレイ［長野県松本市 6月］

●冬のカモ類は昼間でも見やすい場所にいます。写真の**ホシハジロ**のように、昼間は水面で寝ているシーンをよく見かけるはずです。一方、早朝の動きは活発です。

p.198 ホシハジロ［長野県安曇野市 1月］

●朝の次に出会える可能性が高い時間帯は、動きが活発になる夕暮れが近づいた頃です。写真の**ムクドリ**のように水浴びする姿や、ねぐらへ移動する前の群れを見ることができそうです。ねぐらや巣に戻るために、盛んに空高く飛ぶ時間帯でもあります。ただし、とくに秋から冬はとても短い時間で終了します。

p.96 ムクドリ［神奈川県横浜市 4月］

鳥の観察には時間帯が大切なので気をつけましょう。

ポイント2　場所

●原則として、いろいろな種類の鳥が集まりやすい場所は、近くに水場（川や池など）があり、周囲には広葉樹の明るい林がある環境です。

●ただ、遠近を人の距離感で考えてはいけません。活発に飛ぶタイプの鳥たちの行動範囲は、人とは比較にならないほど広いのです。わずか10秒たらずで鳥たちは100m以上移動でき、1分もあれば1kmは飛んでしまいます。

上の2枚の写真は明るい林の例です。

●様々な花が咲き、実がなり、若芽がある広葉樹の森や林は昆虫も多く、多くの鳥に人気です。ですから広葉樹林が深く広がる山間部には、たくさんの鳥が暮らしています。しかし、こうした環境は普段の観察には向きません。それは深い森は人が歩ける道が限定的である一方で、鳥が動ける範囲はほぼ無限だからです。鳴き声を聴くには良いのですが、鳥たちは高い木の上を飛び回っていたりして出会える確率が低すぎます。

上の写真は深い広葉樹の森の例です。

●山が深い山間部よりも都市公園の方が鳥を見つけやすいのはこうした事情のためです。また、水場が整備されていて、草地があり、周囲に農地や林のある環境は多様性に富んでおり、いろいろな種類の鳥にとって便利な環境となります。小型の鳥を狙う猛禽類にとっても絶好の狩場となるのです。

上の3枚の写真はいずれも都市公園のもので、野鳥観察で人気がある場所です。

●一方で、森は森でも針葉樹中心の森では多くの種類の鳥を見ることは望めません。植物や昆虫に多様性がないことも理由の1つでしょう。また、広葉樹が混ざっていても高い木ばかりだと鳥はあまり下にはいませんから、観察には向いていないでしょう。

写真は針葉樹林の例です。

鳥を見つけるための心がまえ

ゆっくりと、静かに

●鳥たちは人の視線に敏感です。視線の延長であるカメラのレンズや双眼鏡にも敏感です。

●観察するときの歩く速度も大切な要素です。のんびり散歩する程度にゆったりと眺めていると案外見つかります。立ち止まっていればもっと見つかりやすくなります。自転車でゆっくり走ったとしても鳥をさがすには速すぎます。

●見つけた後も「いたっ！」と大騒ぎしたり、駆け寄ったりするとたいてい逃げられてしまいます。静かにゆっくり動くことがポイントです。鳥に限らず野生動物は人の動きに敏感なのです。

●何でもゆっくり。それが良い結果に結びつくと思います。

p.206 ノスリ［東京都大田区 11月］

およそ100mの距離にノスリが枝に止まっているのですが、見えますか？ 猛禽類を観察する距離としてはそれほど遠いものではありません。距離と鳥の大きさの感覚を日頃から鍛えておくと役立ちます。
正解は下の円内の写真です。

鳥を見つけやすい環境のポイントは周りが開けていること

●比較的鳥を見つけやすい環境というものがあります。それは広場でも山でも公園でも良いのですが、高い木の梢や飛び出した枝、電線の上、右の写真のチョウゲンボウがいるような鉄塔などです。ところでチョウゲンボウ、見つけられますか？

p.208 チョウゲンボウ［神奈川県横浜市 10月］

●田畑や草原、公園の芝生、河原や砂浜など、樹木が密集しておらず視界が広がっている場所は鳥を見つけやすいところです。明るく開けた場所には、食べ物となる昆虫やミミズがいたり、植物の種子がたくさんあります。

p.96 冬の草地でついばむムクドリの群れ
［神奈川県横浜市 2月］

●ルーペを使って芝生の中を探検してみてください。直径1mmの種子でも小さな鳥にとっては、人にとっての飴玉くらいの大きさはありそうです。

地面の食べ物

p.196 カルガモ［神奈川県横浜市 10月］

写真は都市公園にある広大な池です。視界を遮るものが少なく見やすい環境です。また、周囲に背の低い樹木や草原があり、鳥もかなり豊富にいます。正面にいるのはカルガモで、この写真は典型的な距離感とこの鳥らしい見えかたを示しています。

この写真は山間部の川の周囲を撮影したものです。大きな川の周りは、このように明るく開けている場合が多く、木々も豊富なので、鳥がいればとても見やすい環境を提供してくれます。

鳥は隠れてしまうと見つけられない

●鳥という動物は空を飛んでいたり、さえずっていたり、庭やベランダに来たりして、おそらく野生動物のなかでは、人にとってもっとも身近な生き物です。
●しかし、いざ鳥を見に行くと、右の写真のように、飛んでいる姿を遠くから一瞬見る以外、じっくりと観察できることはあまりないかもしれません。

p.208 チョウゲンボウ [神奈川県横浜市 5月]

●その理由の1つは、多くの鳥たちが木陰や葉が茂った樹林内など、人には見えないところにいるからです。写真のシメも円内にいるのですが、よくわからないですよね。

p.166 シメ [東京都福生市 11月]

●活発に動いていない鳥たちもなかなか見つけられません。写真のオナガのように目立つ羽色でも、動きが小さいとすぐにはわかりません。

p.148 オナガ [東京都大田区 11月]

●このように、じつは鳥がいるのだけれど見つけられないという状況は多いでしょう。右の写真のツグミも円内にいるのですが、すぐには見えませんね。

p.162 ツグミ [神奈川県横浜市 2月]

●そうしたときは鳥の鳴き声を頼りにすることが多々あります。

●もっとも人がすぐにわかるよう、写真の繁殖期のホオジロのように鳴いてくれるケースは例外であって、ほとんどの鳥は、大声で居場所を知らせるようには鳴いてくれません。

p.110 ホオジロ [神奈川県横須賀市 6月]

●木陰にじっと隠れている鳥を見つけるのは至難の業ですが、落葉樹の葉が落ちる秋から冬は、ほかの季節より見つけやすくなります。

上の2枚の写真は別々の場所ですが、いずれも広葉樹林で小型の鳥がよく見られる風景です。夏（左）よりも冬（右）の方が、鳥をずっと見つけやすくなります。

飛びかたを見よう

大型の鳥はゆっくり羽ばたくことが多いので見つけやすい

●野外でまず目につく鳥の姿といえば飛んでいるときでしょう。

●カラス類やサギ類、トビなどの大きな鳥は遠くからでも姿がわかります。なかでもカワウは、かなりの速度で飛び、ほかの大型の鳥に比べて羽ばたく回数が多いという特徴があるので、遠くの空を飛んでいてもわかりやすい鳥です。

p.204 トビ［神奈川県横須賀市 8月］

p.180 カワウ［東京都福生市 11月］

●ハシブトガラスに代表されるカラス類は、たいてい大声で鳴きながら飛ぶので見つけやすい鳥です。飛翔形と羽ばたく様子が独特で、数も多く、見る頻度も高いので、目を慣らすための基準にすると良いでしょう。

p.92 ハシブトガラス［神奈川県横須賀市 9月］

●サギ類も大きな翼をゆっくり羽ばたかせながら飛ぶので、独特な印象です。

p.182 アオサギ［神奈川県横浜市 8月］

●ダイサギや、右の写真のコサギのような白いサギは上空では空と同化して見にくくなることがあります。

p.186 コサギ［神奈川県横浜市 9月］

●気流を利用して飛ぶ猛禽類やカモメ類はゆったりした感じで飛行するので観察しやすい鳥です。ただし、とくに猛禽類の飛ぶ速度は見かけと違ってゆっくりではないので、近くで真上を旋回していても、どんどん遠くに飛んでいってしまいます。飛んでいる猛禽類の観察は時間との勝負になります。

p.206 ノスリ［長野県松本市 6月］

●種類を識別する点では、猛禽類はサギ類よりも難度が高くなります。慣れないとまず種類まではわからないと思った方が良いでしょう。

小型の鳥は飛ぶ速度が速くて見つけるのも見分けるのも難しい

●小型の鳥は大型の鳥に比べると観察しにくいうえに、飛ぶ速度も案外と速いので、あっという間に視界から去って見失ってしまいます。これを見つけるには、瞬間的な対応が必要になります。写真は遠くを飛ぶ**ヒヨドリ**の群れです。

p.98 ヒヨドリの群れ［神奈川県横須賀市 10月］

●さらに地上に降りたり、林に飛び込んだりすると本当に見つけにくくなります。写真は草藪に止まる直前の**ホオジロ**です。こうなるとわからないですね。

p.110 ホオジロ［神奈川県横浜市 6月］

●せっかく樹上や電線の上に止まっても、カメラや双眼鏡を向けたり、じっと見たりするだけでも人の視線を敏感に感じとって、たちまちいなくなることをよく経験します。

p.106 スズメ［神奈川県横浜市 6月］

●しかし、かなりの種類の鳥が鳴きながら飛んでくれるので、その鳴き声を頼りに鳥の飛んでいる方向を察知すれば、短い時間ではあるものの観察することができます。右の写真はカワラヒワで、独特の声で鳴きながら飛ぶのですぐに見つかります。

p.108 カワラヒワ［神奈川県横浜市 2月］

●それでも飛んでいる小型の鳥が観察しづらいことはたしかです。スズメ、ヒヨドリの飛翔を見ても、慣れた人でなければ一瞬では何の鳥かわかりません。ただし、種類を識別するときには、飛びかたが鳥の種類によって違うことが多いので、それが手がかりになります。

p.106 スズメ［神奈川県横浜市 5月］

p.98 ヒヨドリ［神奈川県相模原市 6月］

●人の近くでいつも飛んでいるツバメ、あるいはスズメやカワラヒワ、そして写真のムクドリなどの群れを見つけることは容易です。しかし、種類を見分けるには経験と知識が必要です。

p.96 ムクドリの群れ［東京都福生市 11月］

シルエット　それはそれで役に立つ

●のんびりと飛行する大型の鳥にしろ、あっという間に飛び去る小型の鳥にしろ、たいていの場合は空が背景になるので、鳥の姿はシルエットになってしまいます。それでも空を飛んでくれれば見つけやすく、観察しやすい対象の1つになります。
●空が背景となり、シルエットになった鳥は色こそ見にくいですが、じつは鳥の形状や比率はとても見やすくなります。

p.182 アオサギ［神奈川県横須賀市 7月］

p.180 カワウ［東京都福生市 11月］

p.92 ハシブトガラス［長野県松本市 7月］

このページの3枚の写真はアオサギ、カワウ、ハシブトガラスの飛んでいる姿です。どれもシルエットになっているために色はわかりませんが、鳥の形、翼の長さの比率などがまったく違うことがよくわかります。

●一方で、空が背景でなくとも厄介なのは森が背景だったり、建物などの人工物が背景の場合でしょう。こうしたところを飛ぶ鳥は意外と見えにくく、見逃すことが多くなります。とくに飛んでいるのが小型の鳥だと、見つける難度は相当に上がります。

p.196 カルガモ［長野県松本市 7月］

カルガモが非常に速い速度で目の前を飛んでいきます。背景がコンクリート製のブロックのため、鳥がよく見えません。

●野外で観察される野鳥の多くは何らかの形で飛んでいる姿なので、種類ごとの飛びかたの違いや翼の動きなど、楽しむところはたくさんあります。

●シルエットになった鳥では、

①飛びかたの特徴　②鳥の大きさ　③鳴き声　④おおざっぱな形

などを確認しておきましょう。あとで調べるときの参考になります。

p.92 ハシブトガラス［東京都福生市 11月］

p.96 ムクドリ［東京都福生市 11月］

鳴き声を聴こう

声を聴いて方向を知る

●一般に鳥がさえずるのは、繁殖期に相手を求めるときや縄張りを主張する際とされます。縄張りを主張する場合は繁殖期以外にもさえずることがあります。

●鳴き声は鳥の姿より先に認識されることが多く、野外で鳥を見つけるための大切な要素です。

●鳥の鳴きかたは、同じ種類のたとえ同じ個体であっても様々で、DVDやCDのとおりには鳴いてくれません。

●鳥の鳴き声は、鳥がいるだいたいの方向とそこまでの距離を知るのに役立つでしょう。

【公園の芝生広場】
河川敷や都市公園の芝生広場などでは、セキレイ類の声がよく聞こえます。セキレイ類の地鳴きは、多くの場合「チチッ」とはっきりとした声で二声ずつ聞こえます。「チチッ」と澄んだ声ならハクセキレイ、「ジュジュッ」とにごった声ならセグロセキレイです。キセキレイは、「チュチュッ」とか「チチン」と聞こえると思います。いずれも声がする方を見ると、飛びながら鳴いている姿を見つけられるでしょう。
芝生にはほかの鳥も来ますが、ムクドリは「キュルキュル」とか「ギュギュ」と聞こえる声で鳴きます。冬ならばツグミの「クエクエッ」とか「ケケッ」という声も聞こえます。

【河原と川】
広い河原など見通しの良い場所でも鳴き声を傾聴すると、さらに鳥が見つけやすくなります。「ピーッピピピッ」とか「キーッ」という自転車のブレーキが鳴いているような鋭く細い声が聞こえたら、カワセミが飛んでいるサインです。声のする方に目を向けると、素早く直線的に飛んでいるカワセミの後ろ姿を見つけることができるかもしれません。コチドリは「ピユ、ピユ」と短い声で鳴きます。いずれも広い河原では見つけづらい鳥ですが、鳴き声からその鳥の存在に気づくことができます。

さえずりや地鳴きを知る

●地鳴きと呼ばれる鳴きかたもあります。仲間同士の普段の会話のようなものだったり、情報の伝達だったりするようです。

●鳥を見つける際に地鳴きは役立ちますが、なにしろ地味なので、聞き逃さないようにしないといけません。

●なかにはさえずりなのか地鳴きなのか、よくわかっていない声もあります。

【冬の河川敷の藪】
河川敷のヨシ原や林の藪など見通しがきかないところでも、聞こえてくる鳥の声に注意してみましょう。冬には「チッ」とか「ジッ」という一声ずつ鳴く小さな声が、意外とたくさん聞こえてくるかもしれません。これらはセキレイ類の声よりずっと小さく細い声です。アオジなどの鳴き声であることが多く、地面近くの低い場所から聞こえてきます。「チチッ」とか「チチチッ」など二声、三声で聞こえる場合はホオジロ、「ジャッ」とか「チャッ」と少し強めのにごった声ならウグイスの地鳴きの可能性があります。

【冬の雑木林】
雑木林など大きな木がある場所では、鳥の声はたいてい上の方から聞こえてきます。「ヒーヨ、ヒーヨ」とか「ヒーッ、ヒーッ」という大きな張りのある声の主はヒヨドリです。よく聞く声なので、覚えておくとほかの鳥の鳴き声を比べる基準として役立ちます。コゲラは、「ギーッ」とか「キッキッキッ」という特徴のある声で鳴きます。そのほか、冬の雑木林では、コゲラやアオゲラがコツコツと木をつつく音が聞こえたり、よく耳を澄まして声のする方を見ると、かさこそと落ち葉をひっくり返して食べ物をさがすシロハラやツグミの姿を見つけることもできます。

大きさを見よう

大きさの感覚は相対的

●鳥の大きさを表現するときにトビやカラスの大きさ、あるいはハトより小さい、スズメより大きいなどといわれるのを聞いたことはありませんか？ しかし、人が物を見たときの大きさの感覚はかなり怪しいのです。

p.102 ドバト［神奈川県横須賀市 7月］

●私たちが大きさを判断するときは自分の経験値を基準にして推察します。つまり相対的なものということなのです。右の写真はカイツブリです。見たことがないと大きさの見当もつきませんね。

p.190 カイツブリ［神奈川県横浜市 1月］

●鳥の周囲によく知っている大きさのものがあれば、正確な鳥の大きさがわかります。右の写真のカイツブリは上の写真と同じ個体ですが、そこにカルガモが来ました。これで大きさがわかりました。予想外に小さかったですね。

p.190 カイツブリと p.196 カルガモ
［神奈川県横浜市 1月］

●一方で、空中であったり、周囲が草地やグラウンドの土だらけで、そこにポツンと鳥がいる場合、はたしてどうでしょうか。おそらくかなりの確率で大きさを見誤ります。右の写真はツバメです。この鳥の大きさはほとんどの人が知っていますから、空中にいても想像がつきますね。

p.144 ツバメ [神奈川県横浜市 8月]

●1つの対策として、たとえば日頃から、カラスやスズメといった大きさの基準となる種を様々な距離から観察することは、大きさの感覚を養うのに有効です。右の写真は田んぼにいるハシボソガラスです。よく知っている鳥の大きさと距離による大きさの変化が頭のなかで理解できていれば、知らない鳥を見たときも大きさを予測できるようになります。

p.94 ハシボソガラス [神奈川県横浜市 6月]

●特別な訓練をしないと、人は目測で距離や大きさの変化を知ることが案外苦手なのです。

この樹上にいる鳥はヤマガラなのですが、シルエットになっていて色もわからず、種類も知らない鳥だったとしたら、その大きさを把握し、人に伝えるのはかなり大変です。

p.122 ヤマガラ [神奈川県横須賀市 12月]

形を見よう

形（スタイル）と比率が重要

　鳥を見つけるときに大切なことは、鳥の形をしっかり理解しておくことでしょう。鳥の形は3種類に大別されます。

●1つめはハクチョウ類、ほとんどのサギ類、ウ類などの、頸が長い鳥たちです。たいていは水辺や海にいます。多くの人たちはこの鳥の形を正確に想像できます。

p.182 アオサギと p.180 カワウと p.186 コサギ［神奈川県横須賀市 8月］

ここにはアオサギ、カワウ、コサギがいます。皆、頸が長いタイプの鳥です。

●2つめのタイプは、カモ類やオオバンなどのように胴体が丸く膨らんだ鳥たちで、これらもたいていは水辺にいます。面白いことにカモ類の絵を描いてもらうと、忠実に再現できる人が多いのです。

p.198 オナガガモの雄とコガモの雄［千葉県習志野市 1月］

p.190 カイツブリの子育て［神奈川県横浜市 7月］

●3つめのタイプは、流れるようなスマートな形をした鳥たちで、いわゆる典型的な鳥の形です。スズメやムクドリ、ヒヨドリなど身近にいる多くの鳥がこの形をしています。しかし、これらの鳥の絵を描いてもらうと、多くの人が比率や形を正確に描けないのです。不思議ですね。

p.112 シジュウカラ [神奈川県横浜市 9月]

●じつは3つめに紹介したタイプの鳥は種類が多く、スタイルの特徴も似ているうえに小さな鳥が多いので、見つけるのは大変です。そこで大事なのは、鳥の形を頭のなかで正確に再現して風景の中にさがす、ということなのです。

p.164 シロハラ [神奈川県三浦郡 2月]

●日常で遭遇する確率から見ると、3つめに紹介したタイプの鳥がもっとも多いといえるでしょう。

p.168 ジョウビタキの雌 [東京都大田区 1月]

電線の上にいる鳥は見つけやすい

●電線の上に止まっている鳥は比較的見つけやすいですね。それらは絶好の観察対象です。見つけるという点でいえば、またとない鳥たちです。

p.96 ムクドリの群れ [東京都福生市 11月]

●一方でそうした鳥を見るときは、空を背景にしてこちらが見上げることになりやすいので、真っ黒なシルエットになりがちです。

p.108 カワラヒワ [長野県松本市 9月]

電線の上にいるカワラヒワ。小さくてずんぐりした体形はスズメに似ています。

●シルエットになった鳥は羽色の特徴が見えにくくなりますが、全体のスタイルやくちばし、尾の長さなど、形としての特徴はかえってとらえやすくなります。 右の写真はイソヒヨドリです。

p.178 イソヒヨドリの雄 [神奈川県横須賀市 6月]

シルエットのイソヒヨドリ。均整のとれたスマートな形がよくわかります。

●ただし、電線の上に止まった鳥は上から下を見ているので、こちらが想像する以上に鳥からは人が丸見えになります。電線の上にいる鳥は見つけやすいのですが、鳥が人の視線を感じて飛び去ることも多いので注意してください。右の写真のノスリは、しっかりとこちらを見ています。

p.206 ノスリ［長野県松本市 7月］

●逆光下のシルエットにはそれなりの便利さもあるので、その特性も積極的に利用すると良いと思います。

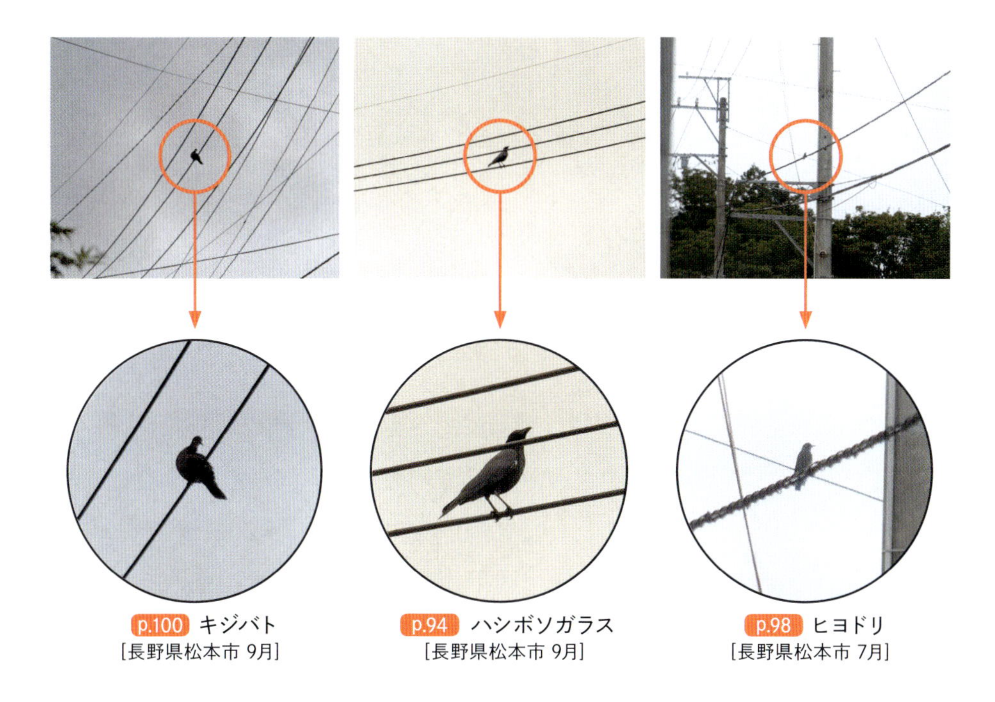

p.100 キジバト
［長野県松本市 9月］

p.94 ハシボソガラス
［長野県松本市 9月］

p.98 ヒヨドリ
［長野県松本市 7月］

電線の上でシルエットになったキジバト。

電線の上にいるハシボソガラス。上段の肉眼に近い倍率でもカラスらしい形が想像できます。

電線の上にいるヒヨドリ。上段の肉眼に近い倍率では鳥がいることすらわかりません。

樹上のシルエットでは技術が必要

●初夏から夏の最盛期に、木の枝や梢などの目立つ場所に止まっている鳥の多くはさえずっています。この鳥たちは繁殖期の縄張り宣言や繁殖相手を求める自己PRソングを披露しているので、同じ場所に比較的長い時間居座ります。

p.174 キセキレイ [長野県安曇野市 7月]

●これらの鳥は非常に好都合な観察対象です。なにしろ、一番目立つところにいて、大声で居場所を知らせていますから。光がうまく鳥にあたっていれば、こういう状況はゆっくりと観察しやすいものです。

p.98 ヒヨドリ [東京都大田区 11月]

●一方で、こうした樹上の鳥も電線の上に止まっている鳥と同様に、光の向きによっては逆光になるのでシルエット化してしまいます。
●余裕があれば観察する場所を移動して、なるべく光が鳥の正面からあたる順光になるように見ると良いと思います。

p.136 キビタキ [長野県塩尻市 5月]

樹上のキビタキはすっかりシルエットになってしまい、せっかくの色が台無しです。

●同じ樹上でも夏の森林内の樹木に止まった鳥を見つけるのは大変です。これは、鳥さがしに慣れていても同じことです。そういうときは、鳥のシルエットを意識しながら動きを追うようにしましょう。

p.116 メジロ [神奈川県三浦郡 8月]

樹上で見つけたメジロです。中央部分に違和感がありませんか？

●秋から冬になって葉が落ちた樹木では鳥を見つけやすくなりますが、残った枯れ葉と鳥はよく間違えられます。鳥の形を頭のなかでイメージしながらさがすようにすると、少しずつ鳥のシルエットがわかるようになると思います。

p.162 ツグミの群れ [東京都福生市 11月]

樹上にいるツグミの集団です。どれが鳥で、どれが枯れ葉でしょう。

色を見よう

極端な色の鳥は見つける基礎になる

●身近にいる鳥の色で、両極端な例は全身が真っ黒、あるいは真っ白な鳥でしょう。
●こうした鳥は自然界でも目立つことが多いので比較的見つけやすいものです。

p.184 チュウサギ [神奈川県横浜市 8月]

●真っ黒な鳥の代表はカラスの仲間（ハシブトガラス、ハシボソガラス）、水辺にいる鳥で近い羽色をもつのはカワウとオオバンでしょう。

p.94 ハシボソガラス [神奈川県横浜市 5月]

●真っ白な鳥の代表はサギ類（ダイサギやコサギ）とハクチョウ類（オオハクチョウやコハクチョウ）の成鳥です。ただし、同じサギ類でもアオサギやゴイサギは白くありません。

p.186 コサギと p.188 ゴイサギ [神奈川県横浜市 8月]

左にコサギ、真ん中にゴイサギがいます。ところで、カワセミもいることに気づいていますか？

●単色系ではなく、からだの一部に特徴的な色や模様をもつ鳥ならば、たくさんいます。そうした鳥も案外と部分が目立つので見つけやすい鳥たちです。しかもそれらの鳥では、その部分を手掛かりにして種類を絞りやすくなることがあります。

p.96 ムクドリの群れ［東京都福生市 11月］

ムクドリの群れが木の上に止まっています。すべてムクドリですが、角度によって、特徴的な腰の白い斑が見えたり見えなかったりします。

●注意が必要な点は、色の特徴は鳥を見る角度によっても違うということでしょう。カワラヒワやセキレイ類は身近にいる鳥ですが、翼を広げたときや後ろ姿は知らない人が多いと思います。一般の図鑑に掲載されている典型的な写真だけでは、後ろ姿や下からの見えかたがわからなかったりするので注意が必要です。

p.108 カワラヒワ
［長野県松本市 7月］

p.108 カワラヒワ
［長野県松本市 7月］

p.108 カワラヒワ
［神奈川県横浜市 7月］

上の3枚の写真はどれもカワラヒワですが、一番左の典型的な図鑑写真だけでは、後ろ姿や翼を広げたときの姿はまったく想像できません。

地味な色彩の鳥はどれも似ていて、しかも見つけにくい

●例外はありますが、鳥の多くに共通することとして、雌と若い鳥の羽色は地味で目立たないという点があげられます。

p.138 キジの雌と雄 [神奈川県横浜市 3月]

キジの雌（左）と雄（右）です。雄の方はすぐにわかりますが、雌はわかりにくいですよね。

●この地味、つまり派手な特徴に乏しいということは、自然界では保護色として役立つようです。たいていの雛や若い個体は灰色がかった、特徴の少ない羽色をしていて、たしかに目立ちません。

p.170 ハクセキレイ 若い個体 [神奈川県三浦郡 5月]

ハクセキレイの若い個体です。とても地味ですね。

●そうした理由から、地味な羽色の鳥を野外で見つけるのはとても大変です。後で述べるように、背景次第ではほぼ見つかりません。

p.140 ヒバリ [神奈川県横浜市 5月]

地面に降りたヒバリは簡単には見つかりません。

●さらに厄介なことに、地味な色合いの様子は種類が違っていてもよく似ていたりします。種類の識別をするときに気をつけなければいけない点です。

p.106 スズメ [神奈川県横浜市 2月]

p.110 ホオジロの後ろ姿 [長野県安曇野市 7月]

p.158 アオジの後ろ姿 [東京都大田区 1月]

上の3枚の写真は、スズメ、ホオジロ、アオジですが、後ろ姿はそっくりです。野外で瞬間的に背中だけしか見えなかったら、区別がつきません。

●地味な鳥でも、羽毛の一部に鮮やかな部分をもつ種類もいます。野外で鳥を見つけるときにも、種類を識別する際にも、参考になることがあります。

p.168 ジョウビタキの雌 [長野県松本市 11月]

これが一番厄介かも…背景と見分けがつかない

河原と水辺

●河原や水辺にいる鳥は、なかなか見つけにくいことが多いと思います。そもそも自然環境を作り上げている植物や石、砂などは、個々の要素の色調が単調であるうえに、濃淡が複雑な混ざりかたをしています。そこに何か別のものが混在しても、色調や濃淡が似ていれば同化してしまう性質があります。

p.96 ムクドリ［神奈川県横浜市 4月］

よく見ないと、ムクドリがどこにいるのかわかりません。

●そのようなときは一点を集中して見るのではなく、少し広い範囲を見ながら動くものを指標にすると、見つけやすくなります。

p.172 セグロセキレイ［神奈川県横浜市 11月］

p.170 ハクセキレイ［神奈川県横浜市 3月］

p.196 カルガモの親子［神奈川県横浜市 6月］

p.96 ムクドリ［神奈川県横浜市 4月］

左の写真では右端のカルガモの親はすぐに見つかります。一方、少し離れた左に数羽の若い個体がいますが、何羽いるのか見にくいですね。右の写真は河原にいたムクドリですが、中央にいるのに見えないでしょう。

p.180 カワウの群れ［神奈川県横浜市 1月］

カワウです。不思議なことに1羽だけだと目立つのに、数羽でいると風景と同化して目立たない鳥です。さて、ここに何羽見えますか？ 正解は9羽です。

鳥の羽色が環境色に溶け込んでしまうといった背景との同化現象は、かなり頻繁に見られます。次のページから紹介するのはほんの一部ですが、どの写真も実際に野外観察で見られるような距離感のものです。これらの写真を通じて目を慣らすようにしてみてください。

田畑

●田んぼや畑にいる鳥は、林や藪にいるときよりも見つけやすいと感じたことはないでしょうか。これは単にそこが開けた場所であるというだけではありません。
●人が整備した農業用地である田畑は、天然の自然環境ではなく人工物です。そのため人工的で規則正しい配列をしていて色も単純な構成です。そうした農地では、生き物の形をして天然の羽毛をまとう鳥は、かえって浮いた存在で見つけやすいのだと考えられます。
●ただし、水を張った田んぼのように水が一面にある環境では、サギ類やカモ類といった鳥は、そこに同化して見にくいことが多くなります。
●また、背景に溶け込むような羽色の鳥も、乾いた土の色や緑系、茶系の植物色に同化しやすいので、見つけにくいことがあります。

p.100 キジバト［長野県松本市 6月］

畑に降りてこちらを見るキジバトです。

p.170 ハクセキレイ［神奈川県横浜市 5月］

ハクセキレイの後ろ姿です。

p.144 地面に降りたツバメ［神奈川県横浜市 6月］

完全に土の色と同化しているキジバトです。

p.100 キジバト［神奈川県横浜市 4月］

p.206 ノスリ［長野県松本市 5月］

畑に降り立ったノスリです。ネズミか何かを捕食しようとしたのでしょうか。大きな鳥ですが、うっかりすると見過ごしてしまいます。農地は鳥たちの食べ物も多いことと、開けているために鳥たちにとっても食べ物を見つけやすい環境なので、鳥が多く集まります。そういうことを知っていると鳥を見つけやすくなります。

草地や藪、林

●草地や藪、林内は河原と同じように難度が高い観察環境です。

●植物が豊富に茂った中でじっと動かずにいる鳥を見つけるのは野外観察の専門家でも至難の業です。専門知識の多少ではなく、目の良し悪しの方が見つけられる確率に関係があるかもしれません。

●しかし、コツがないわけでもありません。次のような点に留意しながらトレーニングをしてみてはいかがでしょうか。

①鳥をシルエットとしてとらえる
②鳥の動きに注意をはらう
③さえずりや地鳴きをしている場合はその声を頼りにさがす
④鳥が止まりやすい枝の太さがあれば、枝に沿って視線を動かす

p.114 モズ［神奈川県横浜市 3月］

フェンスに止まるモズですが、動かないとわかりません。

p.108 カワラヒワ［長野県塩尻市 7月］

中央の葉の陰にカワラヒワがいます。

p.100 キジバト［神奈川県川崎市 6月］

キジバトですが、潜んでいるとわかりません。シルエットを活用しましょう。

p.168 ジョウビタキの雄［神奈川県横浜市 3月］

写真のほぼ中央にいるジョウビタキ（雄）ですが、こんなに目立つ色の鳥でもわかりませんね。

p.106 スズメの群れ［神奈川県横浜市 3月］

こうした草地には小さな鳥たちがよく集まります。上の写真ではスズメの群れが降りているのですが、はたして何羽いるかわかりますか？ おそらく30羽くらいはいます。

双眼鏡の選びかた

ここではバードウォッチングに使うことを念頭においた、双眼鏡の選びかたについてお話します。

双眼鏡には、たとえば「8×42」という数字がどこかに書かれています。これは双眼鏡の倍率が8倍、対物レンズの口径が42mmという意味です。この倍率と対物レンズ口径について説明します。

●倍率

野鳥はあまり近寄れないうえに小型のものが多いので、どうしても10倍とか15倍といった高い倍率の双眼鏡を選びがちです。しかし、倍率が高くなると、本体は大きく重くなり、視野も狭くなって、かえって見にくくなるのです。野鳥観察には一般的に7倍から8倍が適当といわれます。また、ズーム式もありますが、倍率を上げると視野が狭くなり像もぼやけてしまうので、野鳥観察にはおすすめできません。

この双眼鏡は倍率8倍、対物レンズ口径42mm、視界6.3°であることを示しています。

●対物レンズ口径

双眼鏡は同じ倍率なら、口径が大きいほど解像度が高くなり、明るく見える一方で、本体が大きく重くなります。

野外での利用を考えると、あまり大きい口径のものよりは、比較的小さい口径のものが好まれます。携帯性を重視するなら口径は20~25mm、解像度を優先するなら30mm前後といったところでしょうか。

●アイレリーフ

双眼鏡には性能の指標を示す数値がいろいろとありますが、ある程度以上の価格の製品なら、あまり心配することはないでしょう。1つだけ留意点があるとすればアイレリーフです。この数字が大きいほど、接眼レンズから離れて覗いても広い視野が確保されます。裸眼で見る人にはあまり関係ない数字ですが、眼鏡をかけたまま覗く人には大きな数字の方が有利なので、なるべく15mm以上の機種を選ぶと良いと思います。

なお、双眼鏡には使う人との相性があります。必ず店頭などで比較しながら、実際に覗いてじっくりとチェックしましょう。

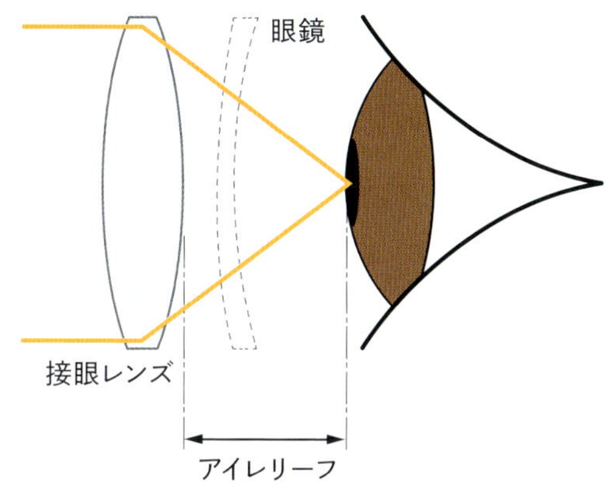

上の写真は野鳥観察でおなじみの望遠鏡（スコープ）です。普通の双眼鏡より倍率は高くなりますが、鳥を視野に入れるにはコツが必要です。

フィールドマナーの話

本書を手に取る人には釈迦に説法かもしれませんが、野外で気をつけたいことについて触れておきましょう。もしかしたら、知らずにやっていることがあるかもしれません。

●鳥の楽しみかたは人それぞれです。写真を撮る、双眼鏡で観察する、さえずりを聴く、ただ姿を愛でる、いろいろです。
●野外観察での大原則は、ほかの人の楽しみかたを邪魔しないことと、ほかの人を不愉快にさせないことです。
●とくに自分勝手なアマチュアカメラマンが目につきます。カメラマンとしては、いわばせっかく見つけた釣り場と同じで、穴場は自分の縄張り同然、他人に近づいてほしくない心理でしょうか。
●人の通り道や大勢の人がいる場所での三脚の設置、たむろは御法度です。グループでの野外観察会もほかの人から見れば迷惑かもしれません。
●静かな森を大声でおしゃべりしながら歩くのもマナー違反です。鳥の声を録音したり、動画撮影をしている人もいます。
●少なくはなってきましたが、決められた場所以外での喫煙も遠慮しましょう。

互いにほかの人たちの邪魔をせず、気遣いながら、楽しく鳥たちに遊んでもらいましょう。

服装と持ちものの話

●服装に決まりはなく、基本的には場所に合わせたもので良いと思います。
●舗装路しかない場所で長靴は必要ないでしょう。むしろ舗装路を長距離歩いても疲れにくい靴を履く方が良いでしょう。
●未舗装の道、ぬかるむ道、水辺などが予想される場所では長靴が便利です。長靴は荒れた草地や山道でも強力な味方になります。
●暑い季節では半袖か長袖か迷うところですが、虫刺されや枝の引っかき傷が気にならないようなら、半袖でも良いと思います。ただし半袖はダニの被害を受けやすいので注意してください。

●山間部では、できるだけスカートや半ズボンは避けて長ズボンにしましょう。これは夏場でも同じです。蚊やダニ、ヒルなどへの対策でもありますし、転んだときの怪我の予防にもなります。
●帽子とタオルはいろいろと使い道があるので野外では必須です。とくに帽子は、真夏以外の一般の観察では必要ないかもしれませんが、森の中の散策では枯れ枝が頭上から落ちてきたりしますから、防護対策にもなります。簡易防護用の帽子は安心です。
●日焼けを嫌う人はそれなりの対策をしましょう。
●蜂が周りに飛んできたら絶対に手ではらわないようにします。手ではらうと、蜂は刺激されて攻撃してきます。ゆっくりと姿勢を低くしながら移動すれば、たいてい問題ありません。スズメバチが周囲で「カチカチ」と音を鳴らしてきたら警告ですから、ゆっくりと遠ざかりましょう。
●応急用の絆創膏、消毒スプレー、アルコール除菌タオル、防虫スプレーなどは野外での基本装備です。
●ゴミ袋も1つあると便利です。ゴミは必ず持ち帰りましょう。
●記録用としてフィールドノートを持っていくと良いでしょう。

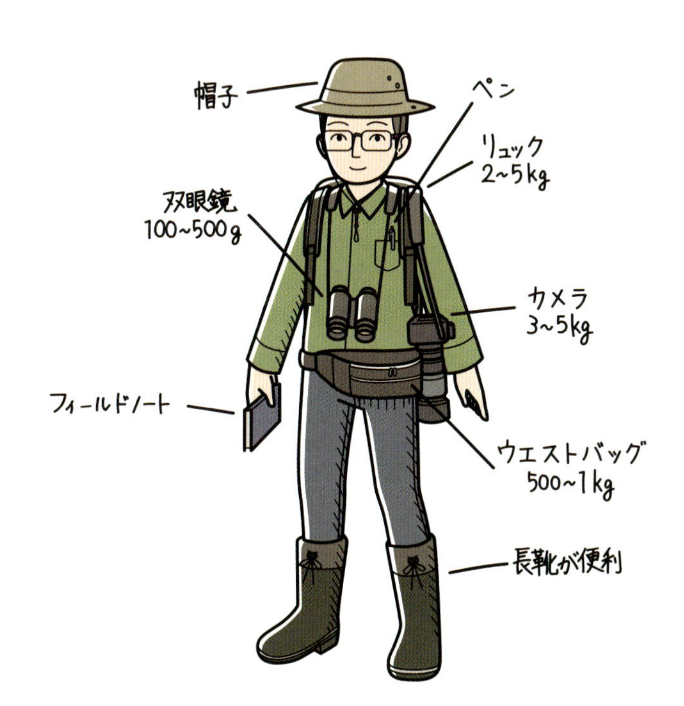

01　ムクドリのねぐら

夏になると、ムクドリは非常に大きな「ねぐら」を作ることがよく知られています。しかし、ムクドリのねぐらについては、わかっていないことがたくさんあります。ムクドリは、ねぐらを作る時期にあっても、昼間からねぐらにいるわけではありません。昼間は三々五々別の場所で食べ物をさがしています。公園のムクドリをよく見ると、ねぐらにいたときほど多い数ではありません。少ないときは数羽ほど、多くても20羽とか30羽程度でしょう。一方で、夕方にねぐらに集まるムクドリたちの数は数千羽から万を超すこともあります。これは昼間にいろいろな場所に散っていたムクドリたちが一斉に集まったからです。ねぐらへの集まりかたも何通りかありますが、ねぐらから少し離れた場所に集合して、ある時間になるとねぐらへと一斉に飛び立つのをよく観察します。このねぐらを作る理由として、集団でいる方が外敵に襲われたときに特定の個体が集中して狙われる危険度は低くなる、複数の誰かが見張りに立っていれば外敵の襲来を発見しやすい、繁殖のパートナーを見つけやすい、何かの情報交換をしているなど、いろいろな仮説が出されています。

夕方、集結してきたムクドリの大群です。

駅前のケヤキに集合したムクドリの群れ。とても賑やかです。

02　鳥の羽毛の撥水と尾腺分泌物

鳥が休んでいる際に、しきりに羽繕いをしている姿はよく見られます。ときに羽繕いの合間に尾の根元にある脂腺（尾腺）あたりに触れる行動が観察されることから、尾腺分泌物の役目と羽毛の撥水（はっすい）性を結びつけるようになった時代がありました。まぎれもなく尾腺分泌物は純正の脂ですから、水をはじくと思われても仕方ありません。しかし、羽繕いをよく観察するとほとんどの場合は胸や腹、翼の羽毛をしきりに櫛でとくようにするだけです。そもそも尾腺分泌物を塗ると、羽毛の撥水性は高くなるのでしょうか。はたしてどうなのでしょうか。尾腺分泌物を羽毛に塗って羽毛の撥水性の変化を実験してみると、分泌物を塗った後では撥水性がかなり低くなる、つまり分泌物を塗ると、水をはじく力がかなり弱くなることがわかっています。一方、鳥の羽毛を十分にきれいにして乾燥させ、丁寧に微細な構造を戻してあげると、もっとも撥水性が高くなることもわかっています。鳥の羽毛の撥水性は本来の微細な構造が作り出す力によって保たれており、尾腺分泌物に撥水の効果があるわけではないのです。今では尾腺分泌物には抗菌作用などの別の意義があると考えられています。

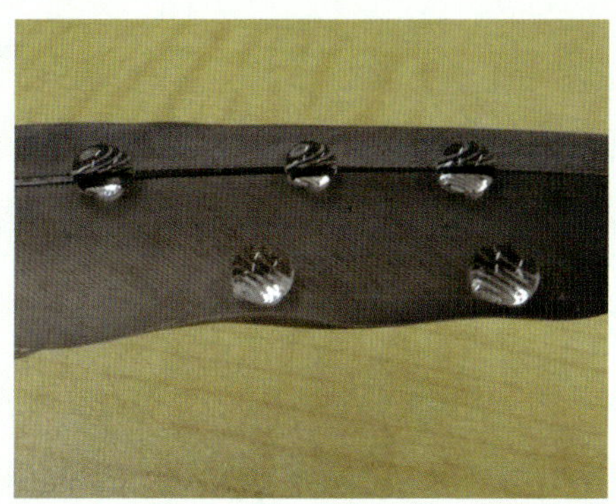
ドバトの羽毛を用いた撥水実験。羽毛の表面で水滴がきれいに並んでいます。

羽毛の微細構造。細かなメッシュ構造をしています。

03　鳥の窓ガラスへの衝突

鳥の窓ガラスへの衝突は、日本ではバードストライクといわれることが多いと思います。英語ではBird strikeあるいはBird collisionといいますが、一般にBird strikeという言葉は飛行機への衝突を指していることが多く、世界的には窓ガラスなどへの衝突はBird collisionと表現されます。衝突の対象は様々ですが、もっともよく知られているのは窓ガラスです。鳥はなぜ窓ガラスに衝突するのでしょうか。その原因としては、渡りの途中の若い鳥が未熟さゆえに透明なガラスを判断できない、ガラスに反射した森や空を風景と錯覚して突入する、などがよく指摘されます。また、実際に透明なガラスは認識しにくいため、普段なら認識できるガラスでも、猛禽類に追われた鳥がパニック状態に陥って突入するといった現象も目撃されています。さらに建物の立地状況も原因としてあげられることが多く、周囲の林に接近した建物であることが有力視されています。衝突の防止対策はいくつか提唱されていますが、なかなか有効策が見出されていないのが実情です。

窓ガラスに反射した風景。こうした現象はどこにでもあります。

キジバトの衝突現場。窓ガラスに反射した風景に向かって飛んで衝突したと思われます。

04　鳥の骨の話

鳥の骨は空気が入っている含気骨（がんきこつ）で、そのために哺乳動物の骨よりも軽いのだといった話を聞いたことはありませんか？ じつは含気骨という呼び名は鳥の骨に限ったことではなく、骨の内部に空気が入り込む構造をした骨全般を指す言葉です。人でも鼻の周囲の骨などは含気骨です。鳥ではこれがよく発達していて、分布には種差がありますが、胸の骨や翼の骨、大腿の骨などに含気骨があります。その理由はこれらの骨の内部は空洞化していて、そこに気嚢という空気を含んだ袋状の組織が入り込んでいるからです。気嚢は胴体にある肺から一部の空気を運ぶ管が外側に膨れた組織なので、含気骨も当然その気嚢が入り込める距離にあるわけです。鳥の骨の多くは軽くできていますが、その理由は、空洞のせいばかりではなく、骨の壁が薄かったり、内部が網目構造になっていることで骨全体の密度が小さいからなのです。それでも鳥の種類や骨の種類によっては、哺乳動物の骨と同じくらい重たい場合もあります。

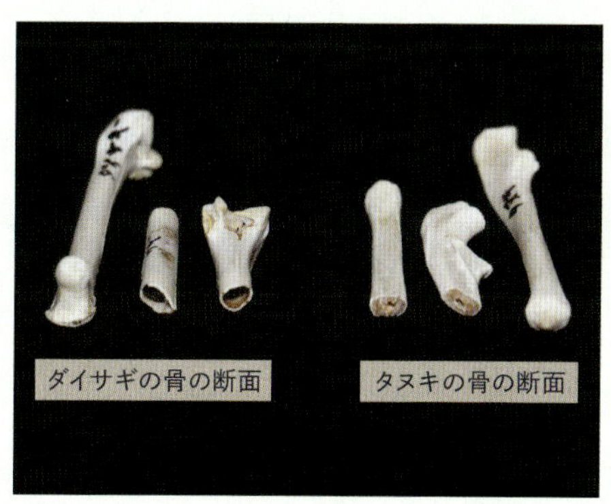

ダイサギとタヌキの骨の比較。骨の厚さがかなり違います。

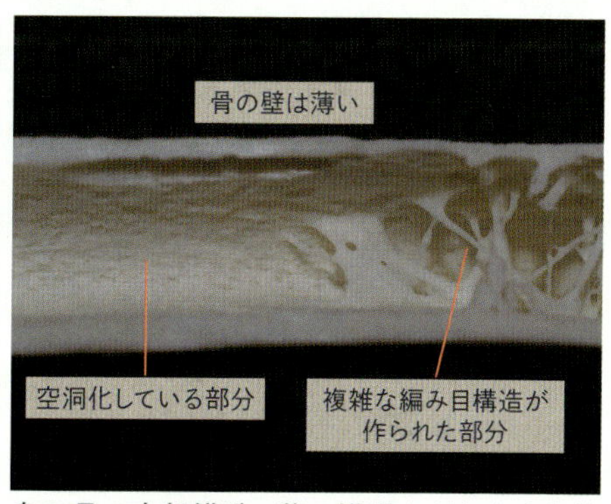

鳥の骨の内部構造。薄い構造ながら丈夫な作りをしています。

05 鳥の視力

鳥は目が、つまり視力が優れていると信じられています。しかし、視力という言葉には細かいものを見分ける分解能や色の識別能力、暗い場所での高感度性、動体視力など、様々な意味合いがあります。鳥の目はどうなのでしょうか。人よりも視力のどれかで優れているのでしょうか。少なくとも鳥の眼球の光学的構造はだいたいのところでは人と同様ですが、眼球はとても大きいことがわかっています。また、ある種の鳥では網膜の細胞数は人よりも多いとの報告もあります。しかし残念ながら、生理学的に鳥の視力を測るのはとても難しく、行動実験から推測したり、網膜の細胞を調べたり、神経の電位などから推測することくらいしかできません。分解能は上空から獲物を狙う猛禽類においては有用な武器になりそうですし、逆に狙われる鳥にしてみても、遠くの外敵を察知するような行動が見られるので、分解能に関しては相当良いのかもしれません。また、鳥の多くは紫外線も感知できると考えられていて、少なくとも哺乳動物が識別できない色の違いを鳥たちは識別できている可能性があります。

上空から地上の獲物を狙うトビ。測ってみると地上から50m以上あったりします。

ドバトの目は小さいようですが、眼球は非常に大きく、頭の容積の半分を占めています。

06　サクランボ中毒の謎

俗にサクランボ中毒と呼ばれる鳥の事故があります。原因となるのは、じつはサクランボの実ではなくソメイヨシノなどの桜の実です。さらに似た事故は、ピラカンサの実でも見られています。状況としては、桜の実を食べたムクドリやヒヨドリ、レンジャク類などが食べた直後に地面に落ちて死ぬというものです。ときにはカラス類も死ぬことがあります。それも不思議なことに毎年起こるわけではなく、何年かに一度、起こるときはその年に連続して起こります。桜の実の事故を調べてみると、死んだ鳥の食道や胃内に黒い色の果実が充満しています。赤い実があることはあまりありません。その原因としては農薬中毒や、植物に含まれるシアン化合物のためだとか、胃が急激に膨満したための神経性のものだとか、いろいろと説が出されていますが、うまい説明がついていません。そのなかで、実に含まれるシアン化合物（正確にはアミグダリンというシアン配糖体）によるとする説は昔から支持が多いのですが、この化合物は実が熟すに従って含有量が少なくなるのです。さらに鳥が食べるのは熟した方の実であって、シアン化合物が多い未熟な実はほぼ食べないのです。不可解ですね。

ソメイヨシノの実。赤い方はまだ熟していない実です。

ピラカンサの実を食べるヒヨドリ。この実もシアン化合物を含みます。

07　野鳥の鉛中毒

鉛は軟らかく成形しやすいので、工業的には非常に便利な扱いやすい金属です。腐食しにくく、水に溶けにくいので、その毒性さえ考えなければ優秀な物質です。この鉛がどうして野鳥に中毒を引き起こすのでしょう。鉛中毒は、狩猟に使う散弾や、釣りに使う錘(おもり)、あるいはそれに由来する鉛を何らかの形で摂取した野鳥が起こします。鉛は胃のなかで胃酸によって溶解され、血液中に吸収されてしまいます。鉛のような重金属の毒性は神経系や造血系を冒すことが多く、特有の症状が出ます。さらに厄介なことに、鉛中毒で弱ったり死亡した野鳥はほかの食肉動物の餌になる結果、二次的な鉛中毒も引き起こします。こうしてワシやタカなどの猛禽類が被害を受けることも知られています。なお、北海道ではオオワシやオジロワシが、狩猟で撃たれたエゾシカの肉を食べて、二次的な鉛中毒を起こす事例があります。釣り用の錘では、海岸や湖岸に捨てられた錘を、鳥が食べ物と間違えて摂取してしまうこともあります。ハクチョウの鉛中毒は、湖底の水草を採食するときに、湖底に沈んでいた散弾や釣り用の錘などを飲み込んでしまうために起こります。

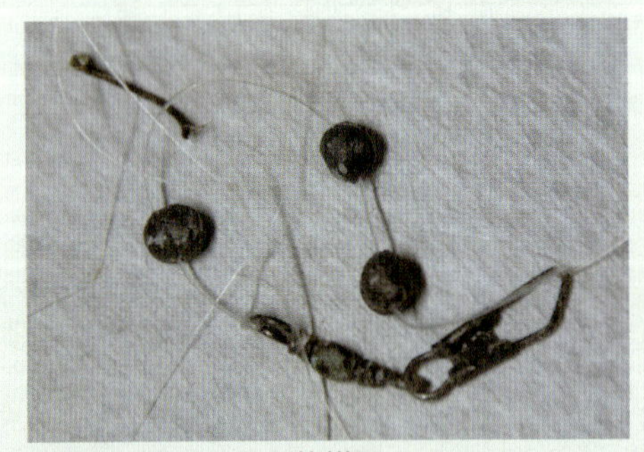

釣り用の錘がついた仕掛け。

散弾銃の1号粒弾とその実包。

08　海鳥の油汚染

ここで話題にするのは船舶の座礁などが原因で起こる輸送油、もしくは燃料油の流出事故です。年間いくつものこうした事故が世界中で起こっています。流出した油は水面を覆いますので、真っ先に犠牲になるのはカモやウなどの海鳥です。流出油による野鳥の被害は、直接的には羽毛が油で汚染することによる体温低下です。また、羽繕いや食べ物を摂取する際に鳥の体内に油が取り込まれることもあります。そして、中毒として問題になるのは、このように体内に入った油成分が血液に混ざり、肝臓や骨髄などを冒すことです。重度の油汚染を受けた鳥では血液の産生がうまくいかず、貧血になってしまいます。この点では鉛中毒とも似ています。親鳥の羽毛に付着した油は乾燥していきますが、驚くことに1ヵ月あまりは毒性を持ち続けます。そのまま卵を抱きに巣に戻った親鳥から、卵は間接的に油被害を受け、卵が孵化しなかったり、孵化しても子どもの成長が悪くなったりします。油被害に遭った親鳥にしても、産卵できなかったり、異常な卵を作るなどの繁殖障害を起こすことが知られています。

ジェーン号座礁事故(宮城県・福島県境2007年)。
画像提供：皆川康雄氏

ナホトカ号事故時の海岸の様子(島根県1997年)。
画像提供：(一財) 海上災害防止センター

09　風切羽と翼の形

多くの鳥には空を飛ぶための翼があります。翼は人のからだの「腕」にあたる部分ですが、そこには大きくて丈夫な羽毛が何枚も生えています。これらの羽毛は互いに重なり合い「腕」を伸ばすと翼として広がり、縮めると小さく折りたたまれるようになっています。翼を広げたときの面積のうち、骨や肉のある「腕」の部分はごくわずかです。翼に生えていて、飛ぶためにもっとも重要な羽毛のことを風切羽（かざきりばね）と呼びます。風切羽は、主に前へ進むための推進力を生む手首にあたる部分（手根部）より先に生えている初列風切羽と、主にからだを浮かせるための揚力を生む腕の部分（前腕部）に生えている次列風切羽とに大別できます。種によって飛びかたや出せる速度、また飛び続けられる距離などが異なります。これらは翼の形に大きく反映されているため、翼の形を見るとその鳥がどのような飛びかたをするのかが想像できます。

キジ　外敵に襲われそうになったとき重たいからだを一瞬で浮かすことができる次列風切羽と、長距離や高速の飛翔には不向きな短い初列風切羽が生えています。

ツバメ　高速で長距離の飛翔が可能な長く尖った初列風切羽が生えています。

10　鳥の羽毛を拾ったら

地面に落ちている鳥の羽毛を見つけたら、どんな鳥が落としていったのか想像してみましょう。そのときに重要な着目点は、まず羽軸（うじく）（羽毛の芯の部分）の丈夫さ（硬さ）、そして大きさと形です。色や模様ももちろん大事なのですが、羽毛一枚の色や模様は鳥全体のそれらとは異なる場合も多く、まったく違う鳥を想像してしまうことになりかねません。まず、羽軸がしっかりとしていたら、それは飛ぶために重要な部分に生えている羽毛、つまり風切羽（かざきりばね）や雨覆（あまおおい）、または尾羽（おばね）でしょう。羽軸が柔らかくふわふわした感触であればからだを覆っている体羽（たいう）であると考えられます。生えている場所の見当がついたら、そこからからだ全体の大きさを想像してみます。そして最後に色や模様の特徴から種を絞り込んでいきます。一羽の鳥のからだにはたくさんの羽毛が生えていて、それらが重なり合って色や模様を描き出しています。体羽の場合、一枚の羽毛のうち外から見えている部分は先端のごくわずかです。

いろいろな羽毛。鳥の種類、生えている場所によって、大きさ、色、形、模様など様々です。

からだのどこに生えている羽毛なのか想像してみましょう。

11　猛禽類の飛翔形お役立ち情報

飛んでいる猛禽類を見分けるには少し訓練が必要です。しかし、基本はほかの鳥の見分けかたと同じです。まずは見る機会の多い種を数多く見て、自分の感覚に基準を作ります。もっとも身近な猛禽類といえばトビではないでしょうか。それから猛禽類ではありませんが、ハシブトガラス、ハシボソガラスの飛翔形もよく観察しておきましょう。猛禽類はたいてい一羽で飛んでいます。そうすると比較対象がないので大きさがわかりにくくなります。このようなときの識別ポイントは、尾の長さ（からだと尾の長さのバランス）、翼の長さと幅のバランス、そして色、模様です。ただし、色や模様は、同じ種でも年齢や性別、個体によって異なる場合があるので注意が必要です。近くにトビやカラス類が飛んでいる場合には、それらと大きさを比較することで識別が比較的容易になります。

オオタカ　尾が長めで翼は短めです。

ノスリ　尾が短めで翼の幅は広めです。

ミサゴ　幅が狭く長い翼です。

トビ　尾羽を広げたときに扇形にならず、三角形に見えるのが特徴です。

12　鳥のくちばしと食べ物

鳥を観察していると、何かを食べている、または食べ物をさがしている場面をしばしば見かけます。それもそのはず、鳥は活動している多くの時間を「食べること」に費やしているのです。鳥が何を食べているのかは、その鳥のくちばしを見るとだいたい想像ができます。鳥のくちばしは、食べたいものを食べるために特化した器官だからです。たとえば魚を食べるサギやカワセミのくちばしは長くとがっています。タカなどの猛禽類のくちばしは肉を引きちぎるために短く曲がった形をしています。では、太くて短いくちばしのスズメは、何を食べているのでしょうか？ じつは、お米のような植物の種子ばかりを食べているわけではありません。暖かい季節には、昆虫やクモなどもよく食べます。また桜の花が咲く時期には、花の一部を盛んに食べている姿も見ることができます。身近な鳥でもよく観察してみると、意外なものを食べていることがあります。

カルガモ

トビ

スズメ

ダイサギ

13　個体識別と鳥類標識調査

自宅の庭など同じ場所に来る鳥を毎日見ていると、同じ鳥（同一個体）が来ていると思ってしまいがちです。はたしてそうでしょうか。昨日の鳥と今日の鳥ならば同じかもしれません。しかし、去年の鳥と今年の鳥となると…。よほど身体的特徴があれば別ですが、鳥の個体識別は非常に難しいものです。このようなことを知る方法の1つに鳥類標識調査（バンディング）という調査があります。捕獲した鳥に番号が刻印してある足環を装着します。再び捕獲された場合には、その鳥がどこから来たのかや、どれだけ生きているかがわかります。ただ、この調査をおこなうには特別な許可が必要で、調査に従事する人は日本中で500人程度です。毎年十万羽以上の鳥に新たな足環がつけられて放されていますが、その回収率は1％程度です。ちょっと気の遠くなる話ですね。それでもこの地道な調査により、たくさんの貴重なデータが得られています。

足環をつけて計測などをします。

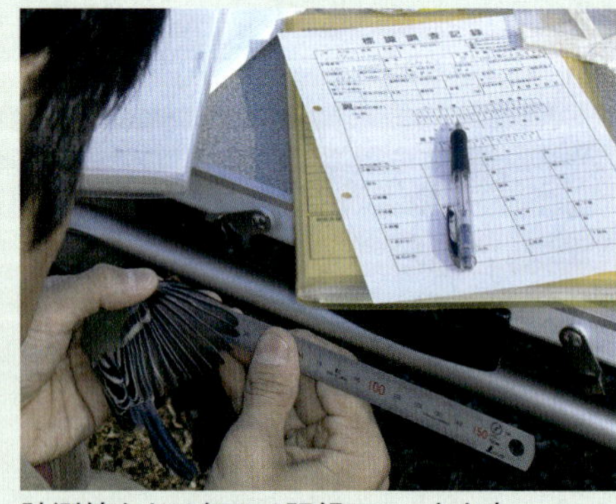
計測値などは細かく記録していきます。

身近な鳥たち

ハシブトガラス *Corvus macrorhynchos*

ハシブトガラス。市街地や農耕地で見られる大型の黒い鳥 [神奈川県横浜市 4月]

分布と食性

日本の多くの地域で留鳥です。市街地から高山帯にかけて分布しますが、山地帯*や亜高山帯ではあまり見られません。都市部には多くの個体が生息しています。動物性のものや植物の実など、様々なものを食べます。植え込みや建物に貯食する習性があります。

生活史

繁殖期はつがいで過ごし、それ以外の時期はつがいか群れで生活をしています。本州中部では3月上旬から樹上や電柱などに巣作りを始めます。神社や公園、街路樹や市街地の樹林などをねぐらにします。このねぐらには遠方からも飛来し、晩夏から春先にかけては多くの個体が集まります。本種には風乗りや滑り台を滑るなど、遊びと考えられる行動が見られることもあります。本種は雌雄同色です。

*山地帯：本書では標高700～1,700mくらいの樹林帯のこと。

ハシブトガラス 若い個体 [長野県上田市 9月]

ハシブトガラス 若い個体 [山梨県富士吉田市 9月]

柿をくわえて飛んでいる　[神奈川県横浜市 9月]

飛翔形。飛んでいる状態でハシボソガラスと見分けるのは難しい　[神奈川県横浜市 11月]

くちばしが長いので猛禽類との見分けはしやすい。

尾羽は扇形（円尾）。

飛翔形　[長野県松本市 7月]

田んぼで水浴びをするハシブトガラス。群れていることが多く、このように集団で水浴びをする姿もしばしば見られる　[神奈川県横浜市 5月]

ハシボソガラス *Corvus corone*

ハシボソガラス [神奈川県横浜市 2月]

巣内雛。高い木の上部に巣を作ることが多い [山梨県都留市 5月]

分布と食性

九州以北で留鳥です。市街地から農村にかけて分布します。都市部ではあまり見られません。動物性のものや植物の実など、様々なものを食べます。オニグルミの実を空中から落としたり、自動車にひかせたりして割って食べる習性があります。

生活史

繁殖期はつがいで過ごし、それ以外の時期はつがいか群れで生活をしています。本州中部では2月中旬から樹上や電柱などに巣作りを始めます。主に繁殖期には、頭を上下させながら鳴くディスプレイが見られます。地上で食べ物をさがすことが多く、河川敷や農耕地などでよく見られます。神社や公園、街路樹や市街地の樹林などをねぐらにし、このねぐらには晩夏から春先にかけて多くの個体が集まります。本種は雌雄同色です。

ハシボソガラスの親子。巣立ち後に親鳥に食べ物をねだる若い個体たち [神奈川県横浜市 7月]

若い個体の飛翔形　［神奈川県横浜市 8月］

飛翔形　［神奈川県横浜市 9月］

親鳥に食べ物をねだる若い個体　［神奈川県藤沢市 5月］

長時間地上で食べ物をさがして歩き回るのは、ハシボソガラス特有の行動。ハシブトガラスはそのような行動はほとんどしない　［神奈川県横浜市 10月］

ムクドリ *Spodiopsar cineraceus*

ムクドリ [神奈川県大和市 3月]

ムクドリ 巣内雛 [東京都福生市 6月]

分布と食性

日本の多くの地域で留鳥です。市街地や農村に分布します。山奥の人家が点在するような環境にはほとんど生息していません。農耕地や公園の芝生広場など、開けた場所でよく見られます。地域によっては、繁殖期には見られるものの、それ以外の時期はいなくなる場所もあります。昆虫や植物の実を食べます。

生活史

ほぼ一年中、群れで生活をしています。人工物の隙間や木のウロに巣を作り、巣箱も使います。雛が巣立った後は多くの個体が河川敷の樹木や竹藪、街路樹などに集まり、そこをねぐらにします。このねぐらには、数万羽ものムクドリが集まることがあります。本種はほぼ雌雄同色です。

巣内雛（上写真の5日後） [東京都福生市 6月]

ムクドリ 若い個体 [神奈川県横浜市 6月]

直線的に飛翔するのが一般的
[神奈川県横浜市 5月]

羽ばたいたり、翼を広げたまま滑空したりする独特な飛びかたをする [神奈川県横浜市 6月]

電線の上に整列したムクドリの群れ。初夏から秋冬にかけて集団でねぐらを形成する。ねぐら入りする前に電線に集まる姿をよく見かける
[東京都福生市 11月]

親鳥に食べ物をねだる若い個体
[神奈川県藤沢市 6月]

巣立ち間近の雛 [神奈川県鎌倉市 5月]

ヒヨドリ *Hypsipetes amaurotis*

ヒヨドリ。この鳥はよく花の蜜を求めて来る
[神奈川県横浜市 3月]

ヒヨドリ 若い個体 [長野県上田市 7月]

若い個体。巣立ち後1カ月以上すると、第1回冬羽への換羽が始まる [長野県上田市 9月]

分布と食性

日本の多くの地域で留鳥です。市街地から山地帯にかけて分布します。昆虫や植物の実、花などを食べます。本種は種子散布の重要な担い手となっており、糞から出てくる種子の発芽率も高い傾向にあります。

生活史

繁殖期はつがいで過ごし、樹上にお椀型の巣を作ります。留鳥ではあるものの、春は北方向に、秋は南西方向に渡りをする群れが各地で見られます。この群れは、標高2,500m以上の場所に出現することもあります。サクラ類の花が咲く時期には多くの個体が集まり、ほぼ終日、花の蜜を求めて盛んに飛び回る姿が見られます。本種は雌雄同色です。

巣立ち後2週間くらいの若い個体
[神奈川県横浜市 6月]

飛翔は、翼を開いたり閉じたりを繰り返す波型
[神奈川県藤沢市 4月]

飛翔形 [神奈川県横浜市 4月]

空中で虫を獲らえるヒヨドリ。飛んでいる虫を食べることも多い [神奈川県横浜市 12月]

ヒヨドリとリンゴ。甘い果物や木の実もよく食べる。ヒヨドリは木の上にいることが多く、地面ではあまり見かけない
[長野県松本市 11月]

キジバト *Streptopelia orientalis*

キジバト ［神奈川県相模原市 3月］

分布と食性

日本の多くの地域で留鳥です。市街地から山地帯にかけて分布し、夏は亜高山帯でも見られます。主に植物の実を食べます。本種の砂嚢は強靭で、小石も多く取り込まれていることから種子は粉砕され、種子散布にはほとんど貢献していないと思われます。

生活史

つがいまたは小群で生活をしています。小枝などで樹上に皿型の巣を作ります。ハト類は、そ嚢から分泌されるピジョンミルクを雛に与えて育てるため、冬期でも繁殖することが可能です。春や秋には、縄張りを主張する目的と思われるディスプレイ・フライト（誇示飛翔）がよく見られます。本種はほぼ雌雄同色です。

キジバトの後ろ姿 ［長野県松本市 9月］

電線の上にいるキジバト ［神奈川県横浜市 5月］

キジバト 若い個体 ［東京都福生市 11月］

飛翔形 [神奈川県横浜市 8月]

ディスプレイ・フライト（誇示飛翔）
[神奈川県横浜市 7月]

キジバト。後ろから見た飛翔形 [神奈川県藤沢市 7月]

キジバトの群れ。普段は単独、またはつがいで行動することが多いが、ときにはこのような群れになることもある
[神奈川県横浜市 1月]

ドバト *Columba livia*

ドバトの羽色にはバリエーションが多い。この個体は濃いめの色合いだが、より淡い灰色のものもいる　[神奈川県横須賀市 4月]

分布と食性

日本の多くの地域で留鳥です。市街地から山地帯にかけて分布しますが、市街地でよく見られます。公園や駅など、多くの人が訪れる場所に生息する傾向があります。日本には自然分布せず、レース鳩や食用飼育施設などから逃げたものが野生化しています。主に植物の実を食べますが、地面に落ちている人の食べ物なども食べます。

生活史

ほぼ一年中、群れで生活をしています。橋脚やマンションのベランダなどの人工物によく巣を作ります。山地帯では一時的に個体群が定着するものの、数年で消失することがあります。日本では、少なくとも平安時代から本種が飼育されていた記録があるようです。本種は雌雄同色です。

ドバト 巣内雛　[東京都福生市 5月]

ドバトはキジバトより少し大きく、太い体形に見える　[神奈川県相模原市 6月]

群れで生活することが多く、しばしば数十羽くらいで街中を飛翔して旋回する [神奈川県横浜市 9月]

木に止まっている姿もキジバトより太めに見える　[神奈川県横浜市 1月]

コムクドリ *Agropsar philippensis*

コムクドリの雄 ［長野県松本市 5月］

コムクドリの雌 ［長野県松本市 5月］

若い個体に食べ物を与えている様子 ［長野県上田市 6月］

分布と食性

本州中部以北に夏鳥として渡来します。山地帯や高原に分布し、標高1,000m前後の人家の多い場所でも見られます。渡りの時期には市街地にも出現します。昆虫や植物の実を食べます。

生活史

繁殖中も小群で生活をしています。人工物の隙間や木のウロに巣を作り、巣箱も使います。雛が巣立った後は河川敷の樹木や街路樹、農地に面した樹林などに集まり、そこをねぐらにします。本種の群れにムクドリが混ざっていることもあり、場所によってはムクドリと共同でねぐらを利用します。新潟県では、温暖化によってコムクドリの繁殖開始時期が早くなり、産卵数が増加しているとの報告があります。

虫を獲らえた雌。樹上や地上など、様々な場所で採食する ［長野県上田市 7月］

直線的な飛翔で、ムクドリとよく似ている
[神奈川県横浜市 8月]

飛翔形 [神奈川県横浜市 8月]

電線の上に止まるコムクドリの雄 [長野県松本市 5月]

コムクドリ 若い個体 [長野県上田市 6月]

スズメ *Passer montanus*

スズメ ［神奈川県横浜市 3月］

分布と食性

日本の多くの地域で留鳥です。市街地から農村にかけて分布し、過疎の進んだ場所や人家のない山奥では姿を見ることはありません。植物の実や昆虫などを食べます。

生活史

ほぼ一年中、群れで生活をしています。巣は人工物の隙間に作り、巣箱も使います。夏から秋にかけて、街路樹や河川敷のヨシ原に多くの個体が集まり、そこをねぐらとして利用します。鳥類標識調査によって、300km以上も移動した若い個体が複数確認されています。近年、スズメの個体数が減少しているという報告があり、その原因の1つは住宅構造の変化によると考えられています。本種は雌雄同色です。

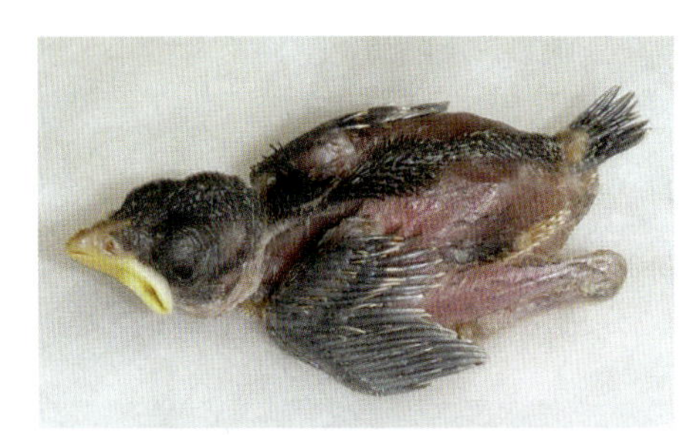

スズメ 巣内雛 ［東京都福生市 5月］

巣立ち直後の雛 ［東京都福生市 5月］

スズメ 若い個体 ［長野県松本市 7月］

飛翔形　[神奈川県横浜市 5月]

飛翔形　[神奈川県横浜市 11月]

スズメの群れ　[神奈川県横浜市 2月]

カワラヒワ *Chloris sinica*

カワラヒワの雌 [神奈川県横浜市 1月]

分布と食性

九州以北の多くの地域では留鳥で、北海道では多くが夏鳥です。市街地から山地帯にかけて分布します。主に植物の実を食べます。

生活史

ほぼ一年中、群れで生活をしています。巣作りは雌だけがおこない、樹上にお椀型の巣を作ります。本州中部では、3～8月にかけて繁殖中の巣を見ることがあります。春には、飛翔しながらさえずりをするディスプレイが見られます。本種は繁殖後、特定の場所に集まり換羽をするといわれています。ほかの日本産スズメ目の鳥類では、このような報告はまだありません。

カワラヒワ 若い個体 [神奈川県横浜市 8月]

若い個体の後ろ姿 [神奈川県横浜市 7月]

雄の飛翔形 [神奈川県横浜市 7月]

飛翔形 [神奈川県横浜市 2月]

カワラヒワの群れ [神奈川県横浜市 2月]

ホオジロ *Emberiza cioides*

ホオジロの雄　[神奈川県藤沢市 6月]

分布と食性

九州以北の多くの地域で留鳥です。平地の草地や河川敷、農村に分布しますが、山地帯の林縁部や低木林でも見られます。昆虫や草本の実を食べます。

生活史

繁殖期はつがいで過ごしますが、それ以外の時期は小群で生活をしていることが多く、20羽近い群れになる場合もあります。地上や低木にお椀型の巣を作ります。繁殖前の春から初夏にかけてよくさえずりますが、晩秋にもさえずることがあります。雄のさえずる姿勢で雌の獲得状況がわかるとされており、くちばしを上に向けて盛んにさえずる雄にはつがい相手がおらず、そうでない雄にはすでにつがい相手がいるといわれています。

ホオジロの雌　[神奈川県藤沢市 5月]

ホオジロ 若い個体　[神奈川県藤沢市 8月]

飛翔形 [神奈川県横浜市 5月]

飛翔形 [神奈川県横浜市 8月]

繁殖期には、雄が目立つ場所で盛んにさえずる [長野県安曇野市 6月]

シジュウカラ *Parus minor* ヒガラ *Periparus ater*

シジュウカラの雄　[神奈川県横浜市 11月]

シジュウカラの雄　[神奈川県横浜市 2月]

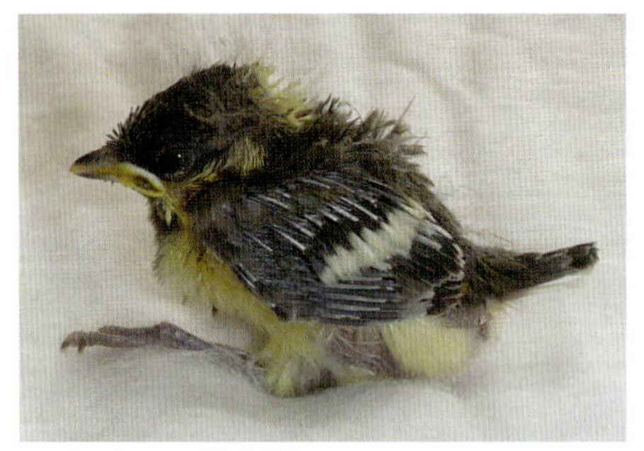
シジュウカラ 巣内雛　[東京都福生市 6月]

分布と食性

シジュウカラは、日本の多くの地域で留鳥です。市街地から山地帯にかけて分布し、昆虫や植物の実を食べます。

シジュウカラよりも一回り小さいヒガラも、日本の多くの地域で留鳥です。山地帯から亜高山帯に分布し、シジュウカラよりも標高の高い場所に多く生息します。針葉樹林を好む傾向にあります。食性や生活史は、シジュウカラとよく似ていますが、ヒガラは貯食をおこないます。

生活史

シジュウカラは繁殖期につがいで過ごし、晩夏から早春にかけてはヒガラ、エナガ、ヤマガラ、メジロ、コゲラなどと混群を作ります。木のウロを巣にしますが、巣箱もよく使います。2月中旬から活発にさえずりを始めます。ほかのシジュウカラ科の鳥類は植物の実を貯食しますが、本種にはこの行動は見られないといわれています。

シジュウカラ 若い個体　[神奈川県横浜市 5月]

飛翔形　［神奈川県横浜市 2月］

飛翔形　［神奈川県横浜市 8月］

シジュウカラの雄　［神奈川県横浜市 11月］

ヒガラ　［長野県松本市 5月］

ヒガラ　［長野県松本市 5月］

モズ *Lanius bucephalus*

モズの雄　［長野県松本市 5月］

分布と食性

日本の多くの地域では留鳥で、北海道では多くが夏鳥です。農村から山地帯にかけて分布し、市街地でも河川敷や緑地などで見られることがあります。昆虫、両生類、は虫類、鳥類、哺乳動物などの動物性のものや植物の実を食べます。

生活史

繁殖期はつがいで過ごし、それ以外の時期はほぼ単独で縄張りを作って生活をしています。樹上にお椀型の巣を作ります。初秋のさえずりは、高鳴きと呼ばれます。主に秋から冬にかけて、捕獲した動物性のものを木の枝やトゲ、有刺鉄線などに刺して、はやにえを作る習性があります。

モズの雌　［長野県松本市 5月］

モズ 若い個体　［長野県松本市 5月］

モズ 若い個体　［神奈川県相模原市 7月］

雄の飛翔形 [神奈川県横浜市 1月]

雄の飛翔形 [神奈川県横浜市 1月]

遠目から飛んでいる姿を見ても、特徴である大きな頭と長い尾がわかる [長野県松本市 7月]

ねだる若い個体に食べ物を与える親鳥 [長野県松本市 5月]

モズは、獲物を木の棘などに刺し「はやにえ」を作ることが知られている。ここでの例のほかにも、いろいろな種類の小動物ではやにえを作る [東京都福生市 11月]

メジロ *Zosterops japonicus*

メジロ　[神奈川県三浦郡 5月]

分布と食性

日本の多くの地域で留鳥です。市街地から山地帯にかけて分布します。常緑広葉樹が多い場所を好む傾向があります。昆虫や植物の実を食べます。ミカンやカキノキなどの熟した実をつついて食べる姿がよく見られます。

生活史

繁殖期はつがいで過ごし、晩夏から早春にかけてはヒガラ、エナガ、シジュウカラ、ヤマガラなどと混群を作ることがあります。木の枝にお椀型の巣を作ります。巣材はコケ類やクモの糸をよく使いますが、ビニールひもも使用します。春と秋には渡りをする群れが見られ、この群れは亜高山帯に出現することがあります。本種は雌雄同色です。

メジロ 若い個体　[山梨県都留市 7月]

メジロ 若い個体　[山梨県都留市 5月]

身近にいる鳥で、スズメより小さな鳥は多くない。特徴をつかめば見分けやすい
[神奈川県横浜市 1月]

飛翔形
[神奈川県横浜市 1月]

花の蜜をなめるメジロ
[神奈川県三浦郡 3月]

メジロは木の上にいることが多く、あまり地面では見かけない
[神奈川県三浦郡 8月]

イカル *Eophona personata*

イカル ［東京都福生市 11月］

イカル ［東京都福生市 11月］

イカルの後ろ姿 ［東京都福生市 11月］

分布と食性

九州以北では留鳥で、北海道では多くが夏鳥です。市街地から山地帯にかけて分布します。植物の実や昆虫を食べます。

生活史

繁殖期はつがいで過ごし、それ以外の時期は群れで生活をしています。樹上にお椀型の巣を作ります。巣の周辺の狭い範囲を縄張りとするため、複数のつがいが集まって繁殖することがあるようです。秋には渡り中のものと思われる群れが見られます。飛翔中に鳴き声を発することが多くあります。このときの声は地鳴きが多いものの、ほぼ一年中さえずりが聞こえます。本種のくちばしは大きくて太いため、堅い木の実を割って食べることができます。本種は雌雄同色です。

イカル 若い個体 ［静岡県富士宮市 7月］

飛翔形 ［東京都福生市 11月］

イカルの群れの飛翔形 ［東京都福生市 11月］

遠くから見た樹上にいるイカルの群れ ［東京都福生市 11月］

エナガ *Aegithalos caudatus*

エナガ　［神奈川県横浜市 1月］

エナガ 若い個体　［静岡県富士宮市 6月］

分布と食性

九州以北で留鳥です。市街地から山地帯にかけて分布します。森林性の鳥類であるため、森林が連続していない場所にはあまり生息していません。主に昆虫を食べますが、樹液や熟したカキノキの実も好んで食べます。

生活史

ほぼ一年中、群れで生活をしています。晩夏から早春にかけては、シジュウカラ、ヒガラ、ヤマガラ、メジロ、コゲラなどと混群を作ります。早春から樹上にコケ類などを使って巣を作ります。気温の低い時期から繁殖を始めるためか、巣材には多くの鳥類の羽毛を使用します。また、ヘルパーが見られることもあります。本種は雌雄同色です。

エナガ 若い個体　［東京都町田市 6月］

飛翔形 ［東京都町田市 6月］

飛翔形 ［神奈川県藤沢市 2月］

エナガは季節を問わず群れで見かけることが多い鳥。1羽見つけたら何羽も見られる可能性が高い。小さな鳥だが、市街地にも多く、比較的見つけやすい ［神奈川県横浜市 11月］

ヤマガラ *Poecile varius*

ヤマガラ ［神奈川県三浦郡 9月］

ヤマガラの後ろ姿 ［神奈川県横須賀市 10月］

分布と食性

日本の多くの地域で留鳥です。市街地から山地帯にかけて分布し、常緑広葉樹の多い場所を好む傾向があります。昆虫や植物の実を食べます。しばしば、エゴノキ、スダジイ、ゴヨウマツ、ツノハシバミなどの実を割って食べる姿が見られます。

生活史

繁殖期はつがいで過ごし、晩夏から早春にかけてはヒガラ、エナガ、メジロ、コゲラ、シジュウカラなどと混群を作ることがあります。木のウロを巣にしますが、巣箱もよく使います。本種は木の実を貯食する習性があります。食べずに貯食されたままの実が発芽して定着すると、その植物の分布を広げることになります。本種は雌雄同色です。

ヤマガラ 若い個体 ［神奈川県三浦郡 6月］

ヤマガラ 若い個体 ［神奈川県三浦郡 6月］

ヤマガラが巣材にするコケを集めて運んでいる様子 [神奈川県横須賀市 3月]

緑色の実の中にある種子を取り出そうと、足で器用に押さえながらくちばしで殻を割って中身を食べる。エゴノキの実が熟す頃、頻繁に見られる行動 [神奈川県横須賀市 9月]

水浴び。ずぶ濡れになっているように見えるが、からだ（皮膚）まで濡れているわけではない [神奈川県大和市 7月]

ウグイス *Cettia diphone*

ウグイス　[神奈川県横浜市 1月]

雌雄でこんなに大きさが違うが、野外での識別は難しい　[東京都昭島市 1月]

ウグイスの雄　[神奈川県鎌倉市 5月]

分布と食性

日本の多くの地域では留鳥で、北海道や積雪の多い地方では夏鳥です。低山帯から高山帯にかけて分布し、山地帯でよく見られます。冬期は市街地の公園でも見られることがあります。昆虫や植物の実を食べます。

生活史

一夫多妻で繁殖をします。繁殖期以外は、ほぼ単独で生活をしています。巣作りや子育ては雌だけがおこない、笹藪などに縦長の巣を作ります。雄のさえずりは早春から夏までの長い期間、聞くことができます。しかし、笹藪やよく茂った低木の中にいることが多く、知名度の割には姿を見る機会の少ない鳥の1つです。

ウグイス　[神奈川県横浜市 5月]

ウグイス 若い個体　[神奈川県横浜市 8月]

雄の飛翔形

［神奈川県横浜市 5月］

茂みの中にいるウグイス

［神奈川県座間市 7月］

オオルリ *Cyanoptila cyanomelana*

オオルリの雄 ［新潟県上越市 4月］

分布と食性

九州以北では夏鳥で、それ以外の地域では旅鳥です。低山帯から亜高山帯にかけて分布し、渓流沿いでよく見られます。急峻な地形を好む傾向にあります。渡りの時期は市街地にも出現します。昆虫や植物の実を食べます。秋には、ミズキの実を食べる姿が各地で見られます。

生活史

繁殖期はつがいで過ごします。繁殖後に越冬地へ渡り、その時期には単独または数羽でいたり、カラ類の混群と行動をともにすることもあります。崖や渓流に面した人工物などに巣を作ります。本種は外敵が巣や雛に近づいたときに、雌もさえずることがあるといわれています。

オオルリの雌。雌は似たような色合いをした鳥種が多いので識別は難しい ［山梨県北杜市 5月］

雄の若い個体。雛の段階から雌雄で色の違いがある ［山梨県大月市 7月］

雄と雌で、色の違いがはっきりしている種。繁殖期の雄はさえずりを手がかりに、姿を見つけることができる
［長野県安曇野市 5月］

梢に止まってさえずっているオオルリの雄
［長野県安曇野市 4月］

コゲラ *Dendrocopos kizuki*

コゲラ [神奈川県横浜市 12月]

分布と食性

日本の多くの地域で留鳥です。市街地から山地帯にかけて分布します。森林性の鳥類であるため、森林が連続していない場所にはあまり生息していません。東京都の都市緑地では、1980年代以降から見られるようになったといわれています。昆虫や植物の実を食べます。

生活史

繁殖期はつがいで過ごし、それ以外の時期はヒガラ、エナガ、シジュウカラ、ヤマガラなどと混群を作ることがあります。主に枯れた木の幹や太枝に穴を空け、そこを巣にします。雌雄で抱卵しますが、夜間は雄がおこないます。なお、雄は後頭部に赤い羽毛があります。木の幹をつついて音を出すドラミングは、早春によく聞かれます。

コゲラは都市部の街路樹などでも見られる。木をつつく音や「ギーッ」という鳴き声から、その存在に気づくことが多い [神奈川県横須賀市 4月]

木の幹に垂直に止まり、上下に移動することができる [長野県上田市 8月]

コゲラの飛翔は、翼を開いたり閉じたりを繰り返す波型 ［神奈川県横浜市 11月］

木の幹で採食しているコゲラ ［神奈川県横須賀市 4月］

動いていないコゲラはこのような場所にいても見つけにくい ［神奈川県三浦郡 5月］

アオゲラ *Picus awokera*

アオゲラの雄　[神奈川県相模原市 3月]

分布と食性

九州、四国、本州で留鳥です。低山帯から亜高山帯にかけて分布します。都市部の緑地でも見られます。昆虫や植物の実を食べ、地上でアリ類を捕食することもあります。

生活史

繁殖期はつがいで過ごし、それ以外の時期はほぼ単独で生活をしています。主に生木の幹や太枝に穴を空け、そこを巣にします。春と秋には、特徴的な「ピョー、ピョー」という声でよく鳴きます。巣立ちの近い雛はよく鳴くため、その雛の声で巣の場所がわかるほどです。森林の近くにある木造の建物の壁に穴を空け、そこをねぐらにすることもあります。

アオゲラの雌　[長野県長野市 2月]

翼の上面。飛翔は、翼を開いたり閉じたりを繰り返す波型

翼の下面

木の陰にいると見つけにくい
[神奈川県横須賀市 5月]

[神奈川県横浜市 12月]

林の中で「コン、コン」と木をつつくような音を聞いたら、木の高いところをさがしてみると良い。ドバトをスマートにしたくらいの大きさなので、落葉の時期には見つけやすい。

アカゲラ *Dendrocopos major*

アカゲラの雌　[神奈川県横浜市 3月]

分布と食性

四国、本州、北海道で留鳥です。低山帯から亜高山帯にかけて分布し、山地帯でよく見られます。昆虫や植物の実を食べます。

生活史

繁殖期はつがいで過ごし、それ以外の時期はほぼ単独で生活をしています。冬期はカラ類の混群に混ざることもあります。主に枯れた木の幹や太枝に穴を空け、そこを巣にします。雌雄で抱卵しますが、夜間は雄がおこないます。早春にはつがいで向き合って木の幹に止まったり、追いかけたりするディスプレイが見られます。巣立ちの近い雛はよく鳴くため、その雛の声で巣の場所がわかるほどです。

アカゲラの雌の後ろ姿　[神奈川県横浜市 3月]

アカゲラの雄　[山梨県南都留郡 6月]

アカゲラ（中央）とヒヨドリ（右下）。からだの大きさはほぼ同じだが、ヒヨドリの方が尾が長い。アカゲラの飛翔は、翼を開いたり閉じたりを繰り返す波型 ［茨城県土浦市 2月］

木の幹をつつく様子 ［神奈川県横須賀市 12月］

［神奈川県横須賀市 12月］

「コンコンコン」と木の幹をつつく音を聞いて上を見上げると、隙間から動き回るアカゲラがときどき見られる。森の中ではじっくり見られることは少ない。

アカハラ *Turdus chrysolaus*

アカハラの雄 [千葉県習志野市 1月]

アカハラ [山梨県南都留郡 11月]

アカハラの雄 [神奈川県横浜市 1月]

分布と食性

本州中部以北では夏鳥で、本州中部以南では冬鳥です。市街地から亜高山帯にかけて分布し、繁殖期は山地帯から亜高山帯で、越冬期は河川敷や雑木林などで見られます。昆虫や植物の実を食べます。

生活史

繁殖期はつがいで過ごし、それ以外の時期は単独か小群で生活をしています。樹上に巣を作ります。地上で食べ物をさがすことが多く、繁殖地では林縁部や林道上で採食している姿をしばしば見かけます。秋の渡りの時期には、山地帯でシロハラやツグミと一緒に行動している本種を見ることがあります。

アカハラの若い個体 [山梨県南都留郡 6月]

アカハラ(右)とツグミ(左)のにらみ合い。同じツグミ類なので、体形がよく似ている [神奈川県横浜市 1月]

樹上にいるアカハラの雄 [静岡県富士宮市 4月]

キビタキ *Ficedula narcissina*

キビタキの雄　［神奈川県愛甲郡 4月］

キビタキの雄　［長野県諏訪市 4月］

キビタキの雌　［山梨県富士吉田市 6月］

分布と食性

九州以北では夏鳥で、それ以外の地域では旅鳥です。南西諸島には亜種であるリュウキュウキビタキが留鳥として生息しています。近年は亜種リュウキュウキビタキを別種とする考えかたもあります。低山帯から山地帯にかけて分布し、渡りの時期は市街地にも出現します。昆虫や植物の実を食べます。

生活史

繁殖期はつがいで過ごし、繁殖後に越冬地へ渡ります。木のウロや裂け目などに巣を作りますが、前面が開いた巣箱も利用します。渡来初期には雄同士の縄張り争いが見られ、林内を追い掛けたり、尾羽を下げて腰の黄色い羽毛を膨らませたりするディスプレイをします。秋の渡りの時期には、複数の個体がミズキやクマノミズキに集まって実を食べる姿が見られます。

キビタキ 若い個体　［山梨県南都留郡 8月］

夏の葉がよく茂った林では枝葉にさえぎられ、見つけにくい　［長野県塩尻市 5月］

オオルリと似たような環境に生息するが、低い丘陵地でも見られる　［神奈川県三浦郡 6月］

キジ *Phasianus colchicus* コジュケイ *Bambusicola thoracicus*

キジの雄　[神奈川県横浜市 5月]

キジの雌と若い個体　[神奈川県横浜市 6月]

若い個体の飛翔形　[神奈川県横浜市 6月]

分布と食性

キジは、九州、四国、本州で留鳥です。低地から山地帯に分布し、草原や河川敷、農耕地などでよく見られます。昆虫、植物の芽や葉、実を食べます。

同じキジ科のコジュケイは、九州から本州北部では留鳥で、積雪の多い地域には生息していません。日本には自然分布せず、1919年に狩猟鳥として関東で放鳥されたものが自然に繁殖して増えたといわれています。低地から山地帯にかけて分布し、昆虫、植物の芽や葉、実を食べます。

生活史

キジは、繁殖期はつがいで見られるものの、乱婚の可能性があると考えられています。それ以外の時期は単独か同性の小群で生活をしています。雌だけで地上に巣を作り、子育てをおこないます。繁殖期の雄は鳴きながら翼を素早く羽ばたかせて音を出し、顔にある羽毛の生えていない赤い裸出部、翼や尾羽を雌に対して広げて見せる求愛行動をします。地上で採食し、長距離を飛翔することはほとんどありませんが、樹上で見られる場合もあります。農耕地にある納屋の縁の下を休憩場所に利用することがあります。

コジュケイは、繁殖期はつがいで過ごし、それ以外の時期は小群で生活をしています。地上に巣を作ります。繁殖期を中心によくさえずります。下草のよく茂った雑木林や竹林にいることが多いため、あまり姿は見られません。夜間は樹上で寝ることが多いといわれています。

雄の飛翔形。歩く生活が中心だが、まれに短距離を飛ぶ
[神奈川県横浜市 5月]

雄の飛翔形 [神奈川県横浜市 5月]

雌の飛翔形 [神奈川県横浜市 2月]

キジは農耕地や川原などに多い。普段は藪の中や草の陰で見づらいが、繁殖期には明るい場所で鳴く姿も見られる
[神奈川県横浜市 5月]

コジュケイ。雑木林や竹林に多い [神奈川県横浜市 10月]

ヒバリ *Alauda arvensis*

ヒバリ　[神奈川県横浜市 6月]

分布と食性

九州以北では留鳥で、本州北部以北では夏鳥、沖縄県では冬鳥です。低地から山地帯の開けた環境に分布しますが、高山帯で見られることもあります。昆虫や植物の実を食べます。

生活史

繁殖期はつがいで過ごし、それ以外の時期は小群で生活をしています。地上に巣を作ります。雄は杭や低木の上、地上だけでなく、飛翔しながらもよくさえずります。秋には渡りの途中と思われる群れが見られます。本種は個体数が減少していると考えられており、東京都では畑地面積の減少や栽培する農作物の種類の変化がその原因とされています。本種は雌雄同色です。

ヒバリ　[神奈川県横浜市 6月]

若い個体。外敵を見つけると、写真のように伏せた体勢をとり、じっとして動かないことがある
[東京都福生市 7月]

飛翔形　［神奈川県横浜市 5月］

飛び上がりながら、または上空でホバリングしながら、長くさえずる ［神奈川県横浜市 5月］

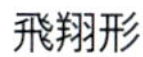

さえずっていれば見つけるのは簡単だが、さえずらない時期に見つけるのはとても難しい。枯草を背景にしてじっとされたら、かなり近づいても見つけられない ［神奈川県横浜市 6月］

ガビチョウ *Garrulax canorus*

ガビチョウ　[神奈川県横須賀市 6月]

分布と食性

九州から本州北部では留鳥で、積雪の多い地域にはほとんど生息していません。低山帯から山地帯にかけて分布します。都市部でも河川敷や緑地に生息しています。標高1,500mほどの自然林にも出現することがあります。日本には自然分布せず、1980年代から関東や九州などで野生化したものが、各地に広がったと考えられています。昆虫や無脊椎動物、植物の実などを食べます。

生活史

ほぼ一年中、群れで生活をしています。低木や地上近くに巣を作ります。よく茂った藪の中にいることが多く、さえずりや地鳴きは聞こえるものの姿を見る機会は多くありません。本種は雌雄同色です。

ガビチョウ　[神奈川県横須賀市 5月]

若い個体　[東京都あきる野市 5月]

飛翔形 [神奈川県横浜市 8月]

ガビチョウの水浴び [神奈川県横須賀市 6月]

ガビチョウは藪の中や地面近くで食べ物をさがすことが多い。大きさはムクドリくらい。冬はシロハラと同じような場所で落ち葉をガサガサとひっくり返している [神奈川県三浦郡 3月]

ツバメ *Hirundo rustica*

ツバメ [神奈川県横浜市 6月]

分布と食性

夏鳥として九州以北に渡来し、本州中部以南では越冬する個体も見られます。市街地から農村にかけて分布します。過疎の進んだ場所や人家のない山奥には生息しません。飛翔しながら様々な昆虫を捕まえて食べます。

生活史

泥を使って人工物に巣を作ります。年に2回繁殖するつがいもいます。巣立った雛や繁殖を終えた成鳥は、河川敷のヨシ原や樹木、トウモロコシ畑や電線などをねぐらにします。地域によっては多くの個体が集まり、数万羽におよぶねぐらが作られることもあります。鳥類標識調査から、フィリピン、ベトナム、インドネシア、マレーシアなどが、国外の越冬地であることが知られています。本種は雌雄同色です。

ツバメの親鳥と巣内雛 [神奈川県鎌倉市 5月]

巣内雛 [東京都福生市 7月]

虫をくわえた若い個体 [長野県上田市 8月]

飛翔形

［神奈川県横浜市 4月］

若い個体の飛翔形

［神奈川県横浜市 6月］

ツバメの交尾の様子

［神奈川県横浜市 6月］

コチドリ *Charadrius dubius*

コチドリ ［神奈川県横浜市 6月］

分布と食性

九州以北では夏鳥で、それ以外の地域では旅鳥です。本州中部以南では越冬する個体もいます。干潟や河口、河川敷などに分布します。市街地でも砂礫のある造成地で見られ、渡りの時期は農耕地にも出現します。主に昆虫を食べます。

生活史

繁殖期はつがいで過ごし、それ以外の時期は単独か小群で生活をしています。植生のほとんどない地上に巣を作ります。繁殖地では縄張りの上空を鳴きながら飛翔するディスプレイが見られます。人や捕食者が巣に近づくと、傷ついたふりをして外敵の注意を引きつける擬傷行動をおこないます。本種は雌雄同色です。

コチドリの親鳥と雛 ［神奈川県横浜市 5月］

巣立って間もない雛 ［神奈川県横浜市 5月］

巣立ち後数日が経った若い個体 ［神奈川県横浜市 6月］

リズミカルに鳴きながら飛ぶことが多い　［神奈川県横浜市 3月］

飛翔形　［神奈川県横浜市 5月］

水浴びをするコチドリ　［神奈川県横浜市 6月］

オナガ *Cyanopica cyanus*

オナガ。市街地や果樹園などで群れが見られる
[神奈川県横浜市 7月]

分布と食性

本州の中部、北部で留鳥です。市街地から農村にかけて分布し、都市公園や農耕地などでよく見られます。昆虫や植物の実を食べます。

生活史

ほぼ一年中、群れで生活をしています。緑地や街路樹、河川敷などの樹木に巣を作ります。ヘルパーが見られることもあります。本種の群れは一定の行動圏をもっており、隣接群との行動圏の重なりはないといわれています。猛禽類であるツミの巣の近くに営巣し、ツミの防衛行動を利用してハシブトガラスなどから卵や雛の捕食を避けることが知られています。本種は雌雄同色です。

オナガの親鳥と巣内雛　[長野県上田市 7月]

若い個体　[長野県上田市 7月]

市街地でも公園や街路樹で営巣する
[神奈川県藤沢市 8月]

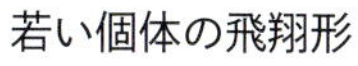

若い個体の飛翔形　［神奈川県横浜市 7月］

飛翔形　［神奈川県横浜市 7月］

住宅街のオナガ。こうした場所でも多く見られる　［神奈川県川崎市 6月］

ワカケホンセイインコ *Psittacula krameri manillensis*

ワカケホンセイインコの雄 [神奈川県町田市 11月]

分布と食性

主に関東では留鳥ですが、局地的にしか見られません。市街地に分布します。日本には自然分布せず、逃げた飼育個体が野生化しています。植物の花や芽、実などを食べます。日本で見られるのは、ホンセイインコの亜種であるワカケホンセイインコです。

生活史

ほぼ一年中、群れで生活をしています。木のウロに巣を作ります。東京都では1960年代から記録があります。飛翔中に鳴き声を発することがあり、しばしばその声で存在に気づきます。夜は多くの個体がねぐらの木に集まり、1,000羽以上になることもあります。冬期は人家の庭に設置された餌台に、ヒマワリの実を食べにくることもあります。

後ろ姿 [東京都武蔵野市 7月]

足とくちばしを器用に使って、木の実を食べる [東京都武蔵野市 7月]

飛翔形　[神奈川県横浜市 11月]

飛翔形　[神奈川県横浜市 11月]

「キュー、キュー」と、よくとおる声で鳴きながら飛ぶ　[神奈川県横浜市 11月]

写真のような緑の中では保護色なのかもしれないが、街中ではよく目立つ　[東京都武蔵野市 7月]

カケス *Garrulus glandarius*

カケス ［長野県南佐久郡 6月］

分布と食性

九州以北で留鳥です。低山帯から亜高山帯にかけて分布し、山地帯でよく見られます。昆虫や植物の実を食べます。

生活史

繁殖期はつがいで過ごし、それ以外の時期は単独か小群で生活をしています。樹上に巣を作ります。本種はナラ類の実を貯食する習性があり、ブナ、コナラ、ミズナラ、クヌギなどの実（ドングリ）をくわえて飛んでいる姿を見かけます。貯食した実は冬期に食べますが、食べられなかった実が発芽して定着すると、その植物の分布を広げることになります。地域によっては季節で生活する場所を変えるようで、秋には渡り中のものと思われる小群が見られます。猛禽類の声を真似して鳴くことがしばしばあります。本種は雌雄同色です。

カケス 若い個体 ［長野県松本市 7月］

樹林帯の木の茂みの中にいることが多く、からだの一部しか見えないことが多い
［神奈川県大和市 3月］

飛翔形
［長野県安曇野市 5月］

カケスはハシブトガラスより小さく、ドバトくらいの大きさ。ドバトよりスマートな体形に見える
［長野県安曇野市 5月］

オオヨシキリ *Acrocephalus orientalis*

オオヨシキリの雄 [埼玉県北本市 5月]

分布と食性

九州以北では夏鳥で、そのほかの地域では旅鳥または冬鳥です。低地から山地帯に分布し、河口や河川敷、休耕田のヨシ原などで見られます。昆虫を食べます。

生活史

一夫多妻で繁殖をします。繁殖後に越冬地へ渡ります。渡りの時期はほぼ単独で見られます。ヨシなどにお椀型の巣を作ります。繁殖期の日中、雄は盛んにさえずりますが、夜間にさえずることもあります。鳥類標識調査の結果から、フィリピンが越冬地の1つであることが示唆されています。また、春と秋には香港を通過していることが確認されており、香港が渡りの中継地点になっていると考えられています。本種は雌雄同色です。

オオヨシキリの雄はヨシ原の上部や梢など、目立つ（声のとおる）場所でさえずることが多いので、鳴き声を頼りにすれば見つけやすい [埼玉県北本市 5月]

飛翔形 [神奈川県横須賀市 7月]

飛翔形 [神奈川県横浜市 8月]

ウグイスと似た姿をしていているが、オオヨシキリの方が大きい。止まっている姿は縦長に見える
[埼玉県北本市 5月]

梢でさえずっている姿は、実際にはこのように見える。鳴いていないときにはまず見つけられない
[長野県松本市 6月]

カッコウ *Cuculus canorus*

カッコウ。ドバトくらいの大きさでスマートな体形
[長野県松本市 5月]

分布と食性

九州以北では夏鳥で、そのほかの地域では旅鳥です。市街地から山地帯にかけて分布し、河川敷や高原、農耕地などでよく見られます。主に昆虫を食べ、とくに毛虫を好みます。

生活史

特定のつがい関係はもたない乱婚と考えられています。本種は巣を作らず、ホオジロ、オオヨシキリ、キセキレイ、モズ、オナガなどに托卵します。長野県では電波発信機を使った調査から、河川敷のみでさえずり、採食地やねぐらのある山地の林内ではさえずらないことがわかっています。本種は雌雄同色です。

特徴的な鳴き声から、鳴き声はほかの鳥と聞き間違えることはない。高い木の梢など、高いところでさえずることが多いので、見つけやすい
[長野県松本市 5月]

飛翔形　[長野県松本市 5月]

飛翔形（後ろ姿）　[長野県松本市 5月]

カッコウの飛翔時のシルエット。飛んでいる姿は、チョウゲンボウにも似て見える　[長野県松本市 5月]

アオジ *Emberiza spodocephala*

アオジの雄 ［神奈川県横浜市 3月］

アオジの雄 背中の模様 ［神奈川県横浜市 1月］

雌の飛翔形 ［神奈川県横浜市 12月］

分布と食性

本州中部以北では夏鳥で、本州中部以南では冬鳥です。市街地から山地帯にかけて分布し、繁殖期は山地帯や高原で、越冬期は河川敷や雑木林などで見られます。昆虫や植物の実を食べます。

生活史

繁殖期はつがいで過ごし、それ以外の時期は単独か小群で生活をしています。樹上に巣を作ります。本種は鳥類標識調査によって国内の渡りの記録が多く得られている種の1つです。たとえば、北海道東部で足環をつけた個体のほとんどが冬期に関東地方で越冬し、一部は中国地方や四国、九州地方でも越冬することがわかっています。

アオジの雌 ［神奈川県横浜市 3月］

雄の飛翔形　　[神奈川県横浜市 3月]

アオジの雄。冬の河川敷などで、藪の中の地面近くにいることが多い。個体数は多い鳥だが、茂みからはあまり出てこない　　[神奈川県三浦郡 2月]

アトリ *Fringilla montifringilla*

アトリの雄 [神奈川県横浜市 10月]

分布と食性

日本の多くの地域で冬鳥です。市街地から亜高山帯にかけて分布し、山地帯でよく見られます。主に植物の実を食べます。

生活史

越冬地では群れで生活をしています。群れは数十羽から数百羽の単位で見られることが通常ですが、数万羽になることもあります。渡来数は年によって異なる場合があり、多い年と少ない年があります。樹上や地上で採食し、飛翔中には地鳴きをしばしば発します。渡来数の多い年や春の渡りの時期には、市街地にも出現します。春は、雄の頭部が黒い夏羽になっているのを見かけます。夏はロシアなどで繁殖します。

アトリの後ろ姿 [神奈川県横浜市 10月]

アトリの雄 [山梨県南巨摩郡 2月]

アトリの雌 [山梨県南都留郡 4月]

アトリとカワラヒワの群れ。群れていると雌雄が見分けやすい。頭部が黒っぽいのが雄、淡い色が雌。写真の群れには、カワラヒワ(円内)が混ざっている [神奈川県横浜市 2月]

ツグミ *Turdus naumanni*

ツグミ。地上で食べ物をさがすときに、ときどき立ち止まって背伸びをするようなしぐさを見せる
[神奈川県横浜市 3月]

分布と食性

日本の多くの地域で冬鳥です。市街地から亜高山帯にかけて分布し、公園や農耕地、河川敷などでよく見られます。昆虫や植物の実を食べます。

生活史

渡来直後は群れでいますが、この群れは次第に分散し、単独か数羽で生活をするようになります。秋の渡りの時期には、渡り中と思われる個体の地鳴きを夜間に聞くことがあります。木の実が多い年は、厳冬期も標高2,500m以上の場所で見られます。地上で食べ物をさがすことが多く、公園の芝生の上などには多数の個体が採食に集まります。本種は冬鳥の中でも北方へ渡る時期が遅く、5月上旬まで残っていることがあり、春先にさえずりが聞こえることもまれにあります。本種はほぼ雌雄同色です。

ツグミの後ろ姿 [神奈川県横浜市 1月]

ツグミは羽色に個体差があり、翼の茶色が薄いものもいる
[神奈川県横浜市 3月]

「ケケッ」とか「クェクェッ」と聞こえる声で鳴きながら直線的に飛ぶ　[神奈川県横浜市 12月]

飛翔形　[神奈川県横浜市 3月]

胸を張って木に止まっているようにも見える
[東京都福生市 11月]

ツグミの群れ。冬の河川敷の立ち木などで、群れで止まっている姿を見かけることも多い
[東京都福生市 11月]

シロハラ *Turdus pallidus*

シロハラの雄　[神奈川県三浦郡 2月]

分布と食性

本州中部以南では冬鳥で、そのほかの地域では旅鳥です。市街地から山地帯にかけて分布し、公園や河川敷、雑木林などでよく見られます。中国地方では繁殖の記録もあります。昆虫や植物の実を食べます。

生活史

単独か数羽で生活をしています。秋の渡りの時期には、渡り中と思われる個体の地鳴きを夜間に聞くことがあります。地上で食べ物をさがすことが多く、下草の茂った樹林の林床や林縁部でよく見られます。冬期には、窓ガラスに衝突死した個体がしばしば見つかります。春先にさえずりが聞こえることもあります。

シロハラの雄　[神奈川県三浦郡 2月]

シロハラの雄　[神奈川県横浜市 2月]

シロハラの雄。外側の尾羽の先端に白色の斑がある。飛行中の後ろ姿では2つの白色の斑がよく目立つ
［神奈川県横浜市 2月］

雑木林や河川敷の地面で、落ち葉をくちばしで避けながら食べ物をさがす姿がよく見られる。静かな場所ではこの音で存在に気づくことも多い
［神奈川県大和市 3月］

シメ *Coccothraustes coccothraustes*

シメ ［神奈川県横浜市 12月］

分布と食性

北海道では多くが夏鳥、そのほかの地域では冬鳥ですが、本州中部や北部では繁殖する場所もあります。市街地から山地帯にかけて分布します。越冬期は河川敷や雑木林などに生息します。主に植物の実を食べますが、昆虫も食べます。ムクノキ、エノキ、カエデ類などの実をくわえ、割って食べている姿をよく見かけます。

生活史

繁殖期はつがいで過ごし、それ以外の時期は群れで生活をしています。樹上にお椀型の巣を作ります。本種のくちばしは大きくて太いため、堅い木の実を割って食べることができます。くちばしの色は時期によって異なり、繁殖期は鉛色、それ以外の時期は薄桃色になります。雄は次列風切羽が光沢のある黒色、雌の場合は灰色です。

シメの後ろ姿 ［神奈川県横浜市 12月］

シメ ［神奈川県横浜市 4月］

地上で木や草の実をさがしている姿がよく見られる　[神奈川県横浜市 4月]

シメ(右)とツグミ(左)。大きさだけでなく、体形や尾の長さなどの違いがよくわかる [東京都福生市 11月]

シメはシルエットになっても、特徴的な体形でわかりやすい　[神奈川県横浜市 12月]

ジョウビタキ *Phoenicurus auroreus*

ジョウビタキの雄 [神奈川県横浜市 3月]

分布と食性

日本の多くの地域で冬鳥ですが、近年は本州中部や中国地方でも繁殖が確認されています。越冬期は市街地から農村にかけて分布し、農耕地や河川敷などでよく見られます。繁殖期は山地帯に分布します。昆虫や植物の実を食べます。

生活史

繁殖期はつがいで過ごし、それ以外の時期は単独で生活をしています。巣は人工物に作ります。越冬期は単独で縄張りをもつため、縄張り形成の時期にはほかの個体と争う場面が見られます。また、カーブミラーや自動車のサイドミラーに写った自身の姿を攻撃することもあります。

ジョウビタキの雌 [神奈川県横浜市 3月]

ジョウビタキ 若い個体 [山梨県北杜市 5月]

雄の飛翔形 ［神奈川県横浜市 3月］

雄の飛翔形 ［神奈川県横浜市 2月］

雌の飛翔形 ［神奈川県横浜市 11月］

雌の飛翔形 ［神奈川県横浜市 2月］

雄の後ろ姿 ［神奈川県横浜市 12月］

雄。止まっているときに、尾羽を小刻みに振るしぐさが特徴 ［神奈川県横浜市 2月］

ハクセキレイ *Motacilla alba*

ハクセキレイの雄 夏羽　[神奈川県相模原市 4月]

分布と食性

九州以北の多くの地域では留鳥で、それ以外の地域では冬鳥です。市街地から山地帯にかけて分布し、河川敷や農耕地などでよく見られます。昆虫や草本の実を食べます。

生活史

繁殖期はつがいで過ごし、それ以外の時期は単独か数羽で生活をしています。人工物の隙間や換気口などに巣を作り、本州中部では標高1,370mの高原でも人工物に営巣しています。市街地にあるスーパーの駐車場などの開けた場所で採食する姿がよく見られます。晩夏から春にかけては電線や街路樹、河川にかかる橋の裏側などに多くの個体が集まり、そこをねぐらにします。

冬羽は雌雄ともに背が灰色になる
[神奈川県横浜市 11月]

若い個体　[神奈川県相模原市 7月]

巣立ち後も親に食べ物をねだるしぐさがしばしば見られる　[神奈川県横浜市 7月]

雄 夏羽の飛翔形。このように上面からではセグロセキレイと見分けるのは難しい
[神奈川県横浜市 7月]

飛翔形 [神奈川県横浜市 11月]

ハクセキレイのねぐら(イチョウの木)
[千葉県市川市 9月]

市街地の街路樹に集団でねぐらを作ることがある。この群れに、まれに少数のセグロセキレイが混ざっていることがある [千葉県市川市 9月]

セグロセキレイ *Motacilla grandis*

セグロセキレイ [神奈川県横浜市 3月]

分布と食性

九州以北では留鳥で、北海道では多くが夏鳥です。市街地から山地帯にかけて分布し、河川敷や農耕地などでよく見られます。昆虫や草本の実を食べます。

生活史

繁殖期はつがいで過ごし、それ以外の時期は単独か数羽で生活をしています。河原の石や流木の陰、人工物の隙間などに巣を作ります。春と秋にさえずりが聞かれ、求愛のディスプレイもしばしば見られます。晩夏から春にかけては、河川敷などに多くの個体が集まり、そこをねぐらにします。本種はハクセキレイが分布していない山奥の集落でも、留鳥として生息しています。ほぼ雌雄同色です。

親鳥（左）と若い個体（右） [長野県上田市 7月]

セグロセキレイ 若い個体 [長野県上田市 7月]

飛翔形　［東京都町田市 12月］

飛翔形　［神奈川県横浜市 12月］

水浴びしている様子。水辺を好む鳥なので、川原や河川敷の公園などに多い　［神奈川県横浜市 1月］

水際や芝生の広場のような場所で歩き回りながら食べ物をさがしている様子がよく見られる
［神奈川県横浜市 1月］

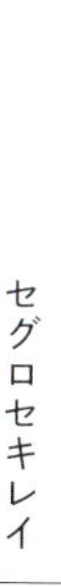

キセキレイ *Motacilla cinerea*

キセキレイの雄 夏羽 [長野県安曇野市 7月]

キセキレイの雌 夏羽 [神奈川県横浜市 3月]

キセキレイ 冬羽 [神奈川県横浜市 12月]

分布と食性

九州以北では留鳥で、北海道では夏鳥、沖縄県では冬鳥です。市街地から高山帯にかけて分布し、山地帯でよく見られます。河川や渓流などの水辺に出現します。昆虫を食べます。

生活史

繁殖期はつがいで過ごし、それ以外の時期は単独か数羽で生活をしています。人工物の隙間や崖、河原の石の陰、まれに樹上にも巣を作ります。山地帯の河川沿いでよく営巣し、山間部の街中でも営巣します。雄は春によくさえずり、飛翔をしながらさえずることもあります。河川沿いでは、セグロセキレイより上流域まで生息しています。

キセキレイ 若い個体 [山梨県富士吉田市 8月]

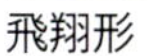
飛翔形 ［神奈川県横浜市 12月］

飛翔は、翼を開いたり閉じたりを繰り返す波型
［神奈川県横浜市 12月］

川の上流部、渓流などに多くいる。長い尾を上下に振る姿が特徴 ［神奈川県大和市 11月］

カワセミ *Alcedo atthis*

写真は雄。上面は青色に見えるが、光の当たる角度によっては緑色に見えるときもある。このような色を、構造色という　[神奈川県横浜市 10月]

カワセミの雌　[神奈川県横浜市 12月]

若い個体　[神奈川県横浜市 8月]

分布と食性

日本の多くの地域では留鳥で、北海道では多くが夏鳥です。河口から山地帯の河川や湖沼などに分布します。魚、甲殻類、両生類などを食べます。

生活史

繁殖期はつがいで過ごし、それ以外の時期はほぼ単独で生活をしています。土手に横穴を掘って、そこを巣にします。繁殖期のはじめには求愛行動の1つである給餌が見られます。水辺の木や岩の上から水中に飛び込んだり、ホバリングをしてから急降下して魚などを捕まえます。捕獲した魚は止まり場の木や岩に叩きつけて弱らせ、頭から丸呑みします。消化できなかった食べ物は、ペリットとして口から吐き出します。

若い個体　[神奈川県横浜市 9月]

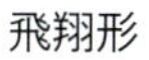
飛翔形　［神奈川県横浜市 11月］

高速で直線的に飛ぶ　［神奈川県横浜市 7月］

求愛行動。繁殖期には雄が雌に魚などを給餌する姿がしばしば見られる　［神奈川県藤沢市 3月］

カワセミの交尾の様子　［神奈川県横浜市 5月］

イソヒヨドリ *Monticola solitarius*

イソヒヨドリの雄　[神奈川県横浜市 3月]

イソヒヨドリの雌　[神奈川県三浦市 3月]

分布と食性

日本の多くの地域では留鳥で、北海道では夏鳥です。海岸や河口などに分布しますが、内陸部でも見られます。昆虫、は虫類、両生類などの様々な動物性のものや、植物の実を食べます。

生活史

繁殖期はつがいで過ごし、それ以外の時期はほぼ単独で生活をしています。海岸沿いの崖や人家、コンクリート構造物の隙間などに巣を作ります。繁殖期には、雄が飛翔しながらさえずりをするディスプレイがよく見られます。冬期には人家の軒下をねぐらにしていた例があります。近年は本州中部を中心に、東北や中国地方などの内陸部でも繁殖や生息が確認されています。

雄の親鳥が巣立ち間もない雛に虫を与えている　[神奈川県横須賀市 6月]

イソヒヨドリ 若い個体　[神奈川県横須賀市 6月]

飛翔形 上面 [神奈川県横浜市 2月]

飛翔は直線的で、テトラポッド(消波ブロック)や建物の上などによく止まる [神奈川県横浜市 12月]

雄は特徴的な色合いだが、逆光で見ると、全体が黒っぽく見えてしまうこともある [神奈川県横須賀市 6月]

カワウ *Phalacrocorax carbo*

カワウ 繁殖羽 [神奈川県横浜市 1月]

分布と食性

九州以北の多くの地域では留鳥で、南西諸島では冬鳥です。河口から山地帯の渓流にかけて分布し、海岸でも見られます。主に魚を食べます。

生活史

ほぼ一年中、群れで生活をしています。樹上に巣を作りますが、捕食者が近づきにくい浮島などを利用して、地上に営巣することもあります。複数のつがいでしばしば集まって繁殖します。潜水してくちばしで魚をくわえ、水面に出てから丸呑みします。日中に水辺の木や岩の上で翼を広げ、羽毛を乾かしている姿を見かけます。本種は雌雄同色です。なお、鵜飼いの鵜には、一般的に類似種のウミウが使われます。

繁殖羽では頭部が白っぽくなる。

カワウ 繁殖羽 [神奈川県横浜市 12月]

カワウ 若い個体 [神奈川県横浜市 11月]

カワウとアオサギのコロニー(集団営巣地)
[山梨県甲府市 4月]

繁殖羽 飛翔形
[神奈川県横浜市 12月]

捕食
[神奈川県横浜市 12月]

水辺の樹上にいるカワウ(繁殖羽)の群れ
[神奈川県横浜市 12月]

アオサギ *Ardea cinerea*

アオサギ　［神奈川県横浜市 9月］

分布と食性

九州、四国、本州では留鳥で、北海道では多くが夏鳥、それ以外の地域では冬鳥です。河口から山地帯の渓流にかけて分布しますが、海岸でも見られます。魚、昆虫、両生類、小型哺乳動物などを食べます。

生活史

繁殖期はつがいで過ごし、樹上に巣を作ります。それ以外の時期は単独か小群で生活をしています。ダム湖の湖面にある構造物にも営巣します。また、浮島などの捕食者が近づきにくい場所では、地上に営巣することもあります。複数のつがいでしばしば集まって繁殖をします。ほかのサギ類と混成して集団で繁殖することもありますが、本種だけでコロニー（集団営巣地）を作ることがほとんどです。基本的には昼行性ですが、夜間に活動をすることもあります。本種は雌雄同色です。

通常、高い木の上に営巣し、集団営巣地（コロニー）を作る　［山梨県北杜市 6月］

アオサギ 若い個体　［山梨県北杜市 7月］

飛翔形 [東京都大田区 11月]

飛翔形 [神奈川県横浜市 7月]

捕食 [神奈川県横浜市 11月]

アオサギの営巣地概観。アオサギは大きな鳥なので比較的見つけやすいが、じっとしていると見つけづらいこともある。岸の水際や樹冠頂上部にいることが多い [山梨県北杜市 7月]

ダイサギ *Ardea alba*　チュウサギ *Egretta intermedia*

ダイサギ 冬羽　[神奈川県横浜市 11月]

分布と食性

ダイサギは、九州から本州中部にかけての多くの地域では留鳥、北海道では夏鳥で、そのほかの地域では冬鳥です。河口から山地帯の河川や湖沼などに分布しますが、干潟でも見られます。魚、昆虫、両生類、小型哺乳動物などを食べます。

ダイサギよりもやや小型のチュウサギは、九州以北では夏鳥ですが、越冬する地域もあります。チュウサギの国外の越冬地は、鳥類標識調査からフィリピンやベトナムであると考えられています。食性や生活史はダイサギとよく似ています。

生活史

ダイサギは、繁殖期はつがいで過ごし、樹上に巣を作ります。それ以外の時期は単独か小群で生活をしています。複数のつがいが集まり、ほかのサギ類と混成して集団で繁殖することがほとんどです。大きく開けた水面を好む傾向にあります。ダイサギ、チュウサギともに雌雄同色です。

ダイサギ 巣内雛　[山梨県北杜市 7月]

ダイサギ 冬羽(左)とコサギ 冬羽(右)
[神奈川県藤沢市 12月]

ダイサギ 飛翔形　[神奈川県横浜市 3月]

チュウサギ 飛翔形　[神奈川県横浜市 9月]

いろいろな種類のサギの群れ　[神奈川県横浜市 8月]

コサギ *Egretta garzetta*

コサギ　[神奈川県横浜市 8月]

分布と食性

九州以北では留鳥で、北海道では夏鳥、沖縄県では冬鳥です。河口から山地帯の河川や湖沼などに分布しますが、干潟でも見られます。魚、昆虫、両生類などを食べます。

生活史

繁殖期はつがいで過ごし、樹上に巣を作ります。それ以外の時期は単独か小群で生活をしています。複数のつがいが集まり、ほかのサギ類と混成して集団で繁殖することがほとんどです。水辺や水中を歩き回り、岸辺で待ち伏せをして採食します。また、片足を水中で素早く動かし、出てきた魚を捕まえることがあります。近年、本種の個体数が減少傾向にあるという報告もあります。本種は雌雄同色です。

コサギ 夏羽(繁殖羽)　[神奈川県川崎市 6月]

婚姻色　[神奈川県鎌倉市 6月]

飛翔形 ［神奈川県横浜市 8月］

飛翔形 ［神奈川県横浜市 10月］

群れでの飛翔 ［神奈川県横浜市 9月］

コサギ、ダイサギ、アオサギの群れ。こうして見ると、大きさの違いがよくわかる［神奈川県横須賀市 7月］

ゴイサギ *Nycticorax nycticorax*

ゴイサギ　[神奈川県横浜市 8月]

分布と食性

九州以北では留鳥で、北海道では多くが夏鳥、沖縄県では多くが冬鳥です。河口から山地帯の河川や湖沼などに分布します。魚、昆虫、両生類などを食べます。

生活史

繁殖期はつがいで過ごし、樹上に巣を作ります。それ以外の時期は単独か小群で生活をしています。複数のつがいが集まり、ほかのサギ類と混成して集団で繁殖することがほとんどです。本種は夜行性のサギ類で、日中は竹藪や雑木林などのねぐらで過ごし、日没から活動します。繁殖期は昼間にも採食していることがあります。夕方や夜間の飛翔中に、しばしば鳴き声を発します。本種は雌雄同色です。

ゴイサギ 若い個体　[神奈川県横浜市 1月]

枯草の中にじっとしている若い個体は、とても見つけづらい　[神奈川県横浜市 1月]

飛翔形　[神奈川県横浜市 8月]

若い個体の飛翔形　[茨城県つくば市 9月]

ゴイサギ(左)とコサギ(右)　[神奈川県横浜市 8月]

若い個体の飛翔　[神奈川県横浜市 3月]

カイツブリ *Tachybaptus ruficollis*

カイツブリ 夏羽 [神奈川県横浜市 4月]

カイツブリ 若い個体 [神奈川県横浜市 8月]

分布と食性

日本の多くの地域では留鳥で、北海道では多くが夏鳥です。市街地から山地帯にかけての河川、湖沼に分布します。魚や甲殻類などの動物性のものや植物性のものを食べます。

生活史

繁殖期はつがいで過ごし、水面に浮巣を作ります。それ以外の時期は単独か数羽で、開けた水面で生活をしています。繁殖期には雌雄で同時に水面を羽ばたきながら並んで走る求愛のディスプレイが見られます。雛が小さいうちは、親鳥が雛を背中に乗せて水面を移動したり、潜水したりすることがあります。主に潜水して採食します。潜水中は翼をたたみ、水掻きを使用して水中を移動します。外敵から逃げる際にも潜水します。昼間は、水面上を高く飛ぶ姿を見ることはありません。本種は雌雄同色です。

カイツブリの親鳥と雛 [神奈川県横浜市 6月]

飛翔形 [神奈川県横浜市 4月]

潜水して食べ物をさがす [神奈川県横浜市 1月]

アオサギとカイツブリ 冬羽。アオサギよりもずっと小さい。浮いているときの大きさは20cm弱 [神奈川県横浜市 1月]

オオバン *Fulica atra*

オオバン　［神奈川県横浜市 11月］

オオバン　［神奈川県横浜市 1月］

オオバン 若い個体　［長野県諏訪市 7月］

分布と食性

九州以北では留鳥で、河川や湖沼が凍結する地域では夏鳥です。市街地から山地帯にかけての河川、湖沼に分布します。主に植物性のものを食べますが、魚や昆虫、甲殻類なども食べます。

生活史

繁殖期はつがいで過ごし、水面に浮巣を作ります。それ以外の時期は数羽から十数羽の群れで、開けた水面に集まって生活をしています。場所によっては、数百羽以上の群れになることもあります。潜水して採食する姿がよく見られますが、水面採食もおこないます。近年、本種の越冬個体数は全国的に増加しているといわれており、本州中部では繁殖する地域も確認されています。本種は雌雄同色です。

バン（円内）と一緒に見られることもある。名前のとおり、バンより大きい　［神奈川県横浜市 1月］

飛翔形 ［神奈川県横浜市 2月］

オオバンとバン（円内）のV字遊泳。越冬期には群れで生活していることが多い ［神奈川県横浜市 1月］

バン *Gallinula chloropus*

バン 冬羽 [神奈川県横浜市 2月]

バン 夏羽 [神奈川県横浜市 6月]

バン 若い個体 [東京都北区 9月]

分布と食性

日本の多くの地域では留鳥で、北海道や積雪の多い地方では夏鳥です。市街地から山地帯にかけての河川、湖沼、水田に分布します。昆虫や甲殻類などの動物性のものや植物性のものを食べます。

生活史

繁殖期はつがいで過ごし、水辺に巣を作ります。本種は年に2回繁殖することがあり、1回目の繁殖で巣立った若い個体が、親鳥の2回目の繁殖で生まれた雛のヘルパーをすることもあります。また、雌がほかのつがいの巣に産卵をする、種内托卵も確認されています。水辺を歩いていることがほとんどですが、泳いでいる姿も見かけます。本種は雌雄同色です。

バン 若い個体 [東京都北区 9月]

泳いだり、走ったりする姿に比べ、飛んでいる姿を見る機会は少ない　[神奈川県横浜市 11月]

オオバン（左）とバン（右）。オオバンと比べると、バンはずっと小さい。カイツブリよりは大きいくらい
[神奈川県横浜市 1月]

水辺に茂ったヨシなどの間をすり抜けて歩く姿がしばしば見られる　[神奈川県横浜市 4月]

ドバトが歩くときのように、頭を前後に揺らしながら水面を泳ぐ　[神奈川県横浜市 9月]

カルガモ *Anas zonorhyncha*

カルガモ ［神奈川県横浜市 2月］

カルガモ ［神奈川県横浜市 11月］

カルガモの親子 ［神奈川県横浜市 6月］

分布と食性

日本の多くの地域で留鳥です。市街地から山地帯の水辺に分布します。河川や水田の多い場所に生息し、海岸でも見られます。主に植物性のものを食べていますが、動物性のものも食べます。

生活史

繁殖期はつがいで過ごし、地上に巣を作ります。子育ては雌だけでおこないます。それ以外の時期は群れで生活をしています。大きな湖や河口には多くの個体が集まり、山地帯の小さな河川では小群で見られます。本種は水面や水深の浅い場所で採食することがほとんどですが、潜水して採食することもあります。近くを飛翔したときに、「ヒュヒュヒュヒュ」という風切り音が聞こえます。本種はほぼ雌雄同色です。

やや成長した若い個体たち ［神奈川県横浜市 6月］

飛翔形 [神奈川県横浜市 10月]

尾が短いので翼
が後ろの方につ
いているように
見える。

飛翔時には頸を
伸ばしている。

飛翔形 [神奈川県横浜市 5月]

遠方を飛ぶカルガモ。形の特徴からカモ類であることが想像できる [山梨県北杜市 9月]

主に水草や植物の種子など植物性のものを多く食べているが、ときには写真のように魚や昆虫、ミミズなど動物性のものも食べる [神奈川県横浜市 7月]

マガモ *Anas platyrhynchos* オナガガモ *Anas acuta* キンクロハジロ *Aythya fuligula* ホシハジロ *Aythya ferina* ヒドリガモ *Anas penelope* コガモ *Anas crecca* ハシビロガモ *Anas clypeata*

留鳥であるカルガモを除き、カモ類の多くは冬鳥として日本に渡来します（ただし、本州中部以北などで局地的に繁殖している種もいます）。身近で見られる種としては、マガモ、オナガガモ、キンクロハジロ、ホシハジロ、ヒドリガモ、コガモ、ハシビロガモなどがいます。低地から山地帯の河川や湖沼、公園の池などに生息していますが、開放水面が凍結する地域ではほとんど越冬しません。本州中部では9月に入ると、コガモやハシビロガモなどが見られるようになり、10月中にはキンクロハジロやホシハジロなどが渡来します。これらのカモ類は日本で冬を過ごし、翌年の3〜4月にかけて次々と繁殖地であるロシアなどに渡っていきます。しかし、何らかのケガや事故により、飛翔できない個体は越夏します。

越冬中のカモ類の観察は、鳥を見ることに慣れていない人でも難しくありません。これは、観察対象の鳥が大きくてあまり動かないこと、近くで観察できること、開けた場所にいることなどが理由です。生息環境や採食行動も種によって違いがあり、行動を観察する練習にもなります。たとえば、コガモやマガモなどは水面や水深の浅い場所で採食し、キンクロハジロやホシハジロは潜水して採食します。

マガモの雄（右）と雌（左）［神奈川県横浜市 12月］

オナガガモの雄（奥）と雌（手前）［神奈川県横浜市 1月］

キンクロハジロの雄　［長野県安曇野市 1月］

キンクロハジロの雌　［神奈川県大和市 11月］

ホシハジロの雄(奥)と雌(手前)　[東京都大田区 1月]

ヒドリガモの雄　[長野県安曇野市 1月]

ヒドリガモの雌　[長野県安曇野市 1月]

コガモの雄　[神奈川県横浜市 2月]

コガモの雌　[神奈川県横浜市 2月]

ハシビロガモの雄(手前)と雌(奥)
[神奈川県横浜市 4月]

まずは見分けやすい雄の繁殖羽（冬羽）を見てみる。羽毛の色だけでなく、からだの大きさ、頭の形、頸の長さ、くちばしの色や形などもポイントになる。雌は少し難しいが、雄と羽毛やくちばしの色は違うものの、大きさや体形が似ているところをヒントに識別してみよう。

ユリカモメ *Larus ridibundus*

ユリカモメ 冬羽 [東京都北区 1月]

夏羽への移行中 [東京都墨田区 4月]

分布と食性

日本の多くの地域では冬鳥で、北海道では多くが旅鳥です。海岸、低地の河川や湖沼といった水辺に分布し、山地帯のダム湖や湖で見られることもあります。昆虫や魚、無脊椎動物などを食べます。

生活史

越冬地でも群れで生活をしています。地上を歩いたり水面に浮いたり、あるいは飛翔しながら水面や水中で採食する行動がよく見られます。昼間は河川や湖沼、海岸などで採食し、夜間は海や湖などで過ごします。鳥類標識調査によって日本で越冬する個体の繁殖地は、ロシアのカムチャツカ半島であることがわかっています。本種は雌雄同色です。

ユリカモメ [東京都北区 1月]

ユリカモメ 若い個体 [神奈川県横浜市 2月]

飛翔形 ［神奈川県横浜市 2月］

飛翔形 ［神奈川県横浜市 1月］

水に浮いている様子は、ほとんど沈んでいる部分がなく、カモ類よりも軽そうに見える
［神奈川県横浜市 11月］

ユリカモメの群れ。海の近くではこのように群れている様子がよく見られる ［神奈川県横浜市 11月］

コハクチョウ *Cygnus columbianus* オオハクチョウ *Cygnus cygnus*

コハクチョウ [長野県安曇野市 12月]

コハクチョウ 若い個体 [長野県安曇野市 12月]

分布と食性

コハクチョウは本州では冬鳥で、そのほかの地域では旅鳥かまれな冬鳥です。低地から山地帯の大きな湖沼、河口や農耕地に分布します。主に植物性のものを食べます。
コハクチョウよりも大型のオオハクチョウも、本州では冬鳥で、そのほかの地域では旅鳥かまれな冬鳥です。食性や生活史は、コハクチョウとよく似ています。

生活史

越冬地でも主に家族群で生活をしており、大きな湖や広い農耕地では多くの個体が集まって群れになります。積雪によって食べ物が得られなくなると、雪の少ない地方に移動します。コハクチョウとオオハクチョウは、発信機や首環などを使った調査から、日本で越冬する個体の繁殖地はロシア東部であると考えられています。
コハクチョウ、オオハクチョウともに雌雄同色です。

コハクチョウの若い個体(中央) [長野県安曇野市 1月]

コハクチョウの飛翔 [長野県安曇野市 12月]

コハクチョウのいる風景 [長野県安曇野市 1月]

オオハクチョウの親鳥(右)と若い個体(左) [新潟県上越市 12月]

トビ *Milvus migrans*　ミサゴ *Pandion haliaetus*

トビ。通常、木に止まると縦長でこげ茶一色に見える　[神奈川県三浦郡 6月]

分布と食性

トビは、九州以北で留鳥です。市街地から高山帯にかけて分布し、農耕地、河口、漁港、湖などでよく見られます。主に動物の死体を食べますが、弱った動物を捕獲することもあります。長時間飛翔しながら食べ物をさがします。
ミサゴはほぼ全国で見られ、海岸や河口、湖などに生息しています。魚食性で、両足を伸ばして爪を広げた状態で水中に飛び込み魚を捕獲します。

生活史

トビは、繁殖期はつがいで過ごし、それ以外の時期はほぼ群れで生活をしています。樹上や鉄塔に巣を作ります。本種は九州以北でもっとも身近に見られる猛禽類です。食べ物を多く得られる場所には、多数の個体が集まります。晩夏から早春にかけては山地の林をねぐらにします。
ミサゴは、繁殖期はつがいで過ごし、それ以外の時期は単独かつがいで見られます。海上の高い岩の上や岩棚、水辺の樹上に巣を作ります。トビ、ミサゴともにほぼ雌雄同色です。

トビの営巣地。高い木の上に大きな巣を作る　[長野県松本市 4月]

トビの飛翔形　［神奈川県三浦郡 12月］

トビの若い個体の飛翔形　［長野県諏訪市 7月］

トビはカラス類よりもずっと大きいが、カラス類に追いかけられている姿がしばしば見られる
［長野県松本市 5月］

ミサゴの飛翔。大きさはトビと同じくらい
［神奈川県横浜市 1月］

トビは、海岸近くでは群れで見られることが多い　［神奈川県三浦市 2月］

ノスリ *Buteo buteo*

木に止まると縦長で、トビよりも淡色に見える
[神奈川県横須賀市 11月]

分布と食性

九州以北の多くの地域では留鳥で、そのほかの地域では冬鳥です。低山帯から亜高山帯にかけて分布し、都市部でも河川敷や緑地などで見られることがあります。昆虫、両生類、は虫類、鳥類、哺乳動物などを食べます。

生活史

繁殖期はつがいで過ごし、それ以外の時期はほぼ単独で生活をしています。樹上に巣を作ります。繁殖地では急降下と急上昇を繰り返す波状飛翔のディスプレイをおこないます。本種は春と秋に渡りをする個体が見られ、とくに秋は多くの個体が集まって渡りをする場所が知られています。獲物を捕獲する際は、ホバリングをして狙いを定めて急降下したり、木や電柱などに止まってそこから急降下したりします。本種はほぼ雌雄同色です。

ノスリ 若い個体 [長野県千曲市 3月]

ノスリ 若い個体 [長野県松本市 7月]

飛翔形。大きさはトビよりも小さく、オオタカよりも大きい　[東京都あきる野市 10月]

若い個体の飛翔形　[山梨県南都留郡 6月]

小型哺乳動物などの獲物を狙い、地上近くを飛ぶこともある　[長野県松本市 5月]

カラス類(左)とノスリ(右)。カラス類より少し大きいが、カラス類に追われることもしばしばある
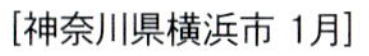
[神奈川県横浜市 1月]

ノスリとカラス類　[東京都大田区 11月]

チョウゲンボウ *Falco tinnunculus*

雄（左）と雌（右）　［神奈川県相模原市 11月］

分布と食性

本州中部以北の多くの地域では留鳥で、そのほかの地域では冬鳥です。市街地から高山帯にかけて分布し、市街地や農耕地などでよく見られます。哺乳動物や鳥類、昆虫などを食べます。

生活史

繁殖期はつがいで過ごし、それ以外の時期はほぼ単独で生活をしています。崖の穴、河川にかかる橋の穴や棚、工場の換気口、カラス類の古巣などを巣にします。営巣場所が多いところでは、集団営巣をします。獲物を捕獲する際はホバリングをして狙いを定め、急降下をする姿がよく見られます。また、飛翔しながら小型の鳥を捕獲することもあります。

雄。鉄塔、アンテナ、屋根、梢など目立つところに止まっていることも多い　［神奈川県横浜市 12月］

営巣場所の近くを飛翔するチョウゲンボウ ［長野県松本市 5月］

ドバトくらいの大きさで高速で飛翔する ［神奈川県横浜市 5月］

ネズミなどをさがしてホバリングする姿も見られる ［神奈川県横浜市 11月］

捕獲したバッタを掴んでいる ［神奈川県藤沢市 9月］

飛翔形 ［神奈川県横浜市 8月］

オオタカ *Accipiter gentilis*

オオタカ　[長野県千曲市 1月]

分布と食性

四国、本州以北では留鳥で、そのほかの地域では冬鳥です。市街地から山地帯にかけて分布し、越冬期は河川敷や農耕地などでも見られます。哺乳動物や鳥類を食べます。

生活史

繁殖期はつがいで過ごし、それ以外の時期はほぼ単独で生活をしています。樹上に巣を作ります。繁殖地では力強い羽ばたきや波状飛翔などのディスプレイをおこないます。猛禽類は一般的に雄より雌の方がからだは大きい傾向にあり、雌雄で木に止まったり飛翔したりしている姿を見ると、その違いがよくわかります。本種はほぼ雌雄同色です。

若い個体。生まれて1年くらいは、茶色っぽい幼羽で過ごす　[三重県松阪市 1月]

飛翔形　［神奈川県横浜市 5月］

若い個体の飛翔形　［東京都福生市 11月］

カラス類に追われるオオタカ。飛んでいるときの大きさは、ハシブトガラスと同じくらい
［神奈川県横浜市 5月］

木に止まってじっとしていると見つけづらい。左下のカラス類（矢印）と同じくらいの大きさ
［東京都大田区 11月］

索引

参考文献

1）五百澤日丸, 山形則男, 吉野俊幸. ネイチャーガイド新訂 日本の鳥550 山野の鳥. 文一総合出版, 東京. 2014.
2）石塚徹. 見る聞くわかる 野鳥界 生態編 生息環境とわけあり行動の進化. 信濃毎日新聞社, 長野. 2016.
3）植田睦之. オナガは好適な営巣場所の有無をもとにツミの巣のまわりに営巣するかどうかを決定する？. *Bird Research* 8: A19-A23. 2012.
4）植田睦之, 松野葉月, 黒沢礼子. 東京におけるヒバリの急激な減少とその原因. *Bird Research* 1: A1-A8. 2005.
5）内田博. 埼玉県東松山市周辺でのコサギ *Egretta garzetta* の減少. 日本鳥学会誌 66: 111-122. 2017.
6）大橋広一. 増補新訂 北海道野鳥ハンディガイド. 北海道新聞社, 北海道. 2013.
7）沖縄野鳥研究会 編. 沖縄の野鳥. 新報出版, 沖縄. 2002.
8）金子与止男. 岩手県内陸部におけるイソヒヨドリの観察記録. 総合政策 17: 127-132. 2015.
9）川上和人, 叶内拓哉. 外来鳥ハンドブック. 文一総合出版, 東京. 2012.
10）河井大輔, 川崎康弘, 島田明英, 諸橋淳. 北海道野鳥図鑑. 亜璃西社, 北海道. 2003.
11）フランク・B. ギル 著, 山階鳥類研究所 訳. 鳥類学. 新樹社, 東京. 2009.
12）小海途銀次郎, 和田岳. 日本 鳥の巣図鑑—小海途銀次郎コレクション—. 東海大学出版会, 神奈川. 2011.
13）Koike S & Higuchi H. Long-term trends in the egg-laying date and clutch size of Red-cheeked Starlings Sturnia philippensis. *Ibis* 144: 150-152. 2002.
14）笹野聡美, 山田勝, 江田伸司. 岡山県におけるジョウビタキの繁殖. 日本鳥学会誌 64: 91-94. 2015.
15）中村登流, 中村雅彦. 原色日本野鳥生態図鑑＜陸鳥編＞. 保育社, 大阪. 1995.
16）中村登流, 中村雅彦. 原色日本野鳥生態図鑑＜水鳥編＞. 保育社, 大阪. 1995.
17）中村浩志. カワラヒワ *Carduelis sinica* の夏季の集合と換羽. 鳥 28: 1-27. 1979.
18）日本鳥学会. 日本鳥類目録 改訂第7版. 日本鳥学会, 兵庫. 2012.
19）浜口哲一, 佐野裕彦. 自然ガイド とり. 文一総合出版, 東京. 1992.
20）バードリサーチ 生態図鑑 (ウミウ、オオバン、カルガモ、カワウ、コサギ、ホンセイインコ、ユリカモメ). http://www.bird-research.jp/1_shiryo/seitai.html(2019年2月現在).

21）濱尾章二. 番い関係の希薄なウグイスの一夫多妻について. 日本鳥学会誌 40: 51-65. 1992.
22）濱尾章二, 山下大和, 山口典之, 上田恵介. 都市緑地におけるコゲラの生息に関わる要因. 日本鳥学会誌 55: 96-101. 2006.
23）林正敏, 山路公紀. 八ヶ岳周辺におけるジョウビタキの繁殖と定着化. 日本鳥学会誌 63: 311-316. 2014.
24）ピッキオ 編. 鳥のおもしろ私生活. 主婦と生活社, 東京. 2001.
25）樋口広芳, 森岡弘之, 山岸哲. 日本動物大百科 第3巻 鳥類Ⅰ. 平凡社, 東京. 2003.
26）樋口広芳, 森岡弘之, 山岸哲. 日本動物大百科 第4巻 鳥類Ⅱ. 平凡社, 東京. 2006.
27）細野哲夫. 里の鳥 オナガの生活. 信濃教育会出版部, 長野. 1981.
28）真木広造, 大西敏一, 五百澤日丸. 決定版 日本の野鳥650. 平凡社, 東京. 2014.
29）三上修, 三上かつら, 松井晋, 森本元, 上田恵介. 日本におけるスズメ 個体数の減少要因の解明: 近年建てられた住宅地におけるスズメの巣の密度の低さ. *Bird Research* 9: A13-A22. 2013.
30）村上良真. 2014年岡山市街地におけるイソヒヨドリの生息状況. *Naturalistae* 20: 41-51. 2016.
31）森岡照明, 叶内拓哉, 川田隆, 山形則男. 図鑑 日本のワシタカ類. 文一総合出版, 東京. 1998.
32）山岸哲, 森岡弘之, 樋口広芳. 鳥類学事典. 昭和堂, 京都. 2004.
33）山階鳥類研究所. おもしろくてためになる 鳥の雑学事典. 日本実業出版社, 東京. 2004.
34）山階鳥類研究所. 鳥類アトラス (鳥類回収記録解析報告書). 山階鳥類研究所, 千葉. 2002.

著者プロフィール

梶ヶ谷 博（かじがや ひろし）

1952年神奈川県生まれ。日本獣医生命科学大学名誉教授、同大学付属博物館顧問、NPO法人野生動物救護獣医師協会研究部長。獣医師、獣医学博士。
日本獣医生命科学大学教授、同大学付属博物館長等を歴任し、現職にいたる。主に、鳥類における原因不明死、野生鳥獣の生態行動と事故との関係等の研究に従事する。

西 教生（にし のりお）

1982年三重県生まれ。都留文科大学 非常勤講師。
主な研究対象はイワツバメとホシガラス。富士山北麓の鳥類群集、被食型の種子散布にも関心があり、調査を継続中。山梨県、長野県、三重県で鳥類標識調査を実施している。近年は渓流釣りライターとしても活動しており、甲信地方の源流部のイワナを調べている。2017年3月、八ヶ岳南麓に移住。

野村 亮（のむら りょう）

1968年東京都生まれ。NPO法人自然環境アカデミー代表理事、鳥類標識調査者（(公財) 山階鳥類研究所)、東京都鳥獣保護管理推進員。
少年時代に鳥を見ることに取りつかれ、以来、捕獲調査、救護活動、標本作成など鳥に関することなら何でも手を出す。自然の面白さを子どもたちに伝えたいと考え、2001年より現職にいたる。

山内 昭（やまのうち あきら）

1960年神奈川県生まれ。写真家、Webプログラマ、日本獣医生命科学大学 非常勤講師（情報学)、山内イグアナ研究所（YIL)、エキゾチックインフォメーションセンター（EIC)。
獣医療現場の撮影と野鳥撮影を専門とする。エキゾチックアニマルに関する飼育や獣医学情報などを配信する手法を模索し、紙とインターネットを融合した専門性の高いメディア制作をライフワークとしている。

見つけて楽しむ 身近な野鳥の観察ガイド

2019年2月20日　第1刷発行
2024年2月10日　第2刷発行

編著者	梶ヶ谷 博
著　者	西 教生、野村 亮、山内 昭
発行者	森田浩平
発行所	株式会社 緑書房 〒103-0004 東京都中央区東日本橋3丁目4番14号 TEL 03-6833-0560 https://www.midorishobo.co.jp
編　集	齋藤由梨亜、石井秀昌
デザイン・編集協力	リリーフ・システムズ
イラスト	すい（協力：サイドランチ）
印刷所	図書印刷

ISBN978-4-89531-366-7　Printed in Japan
落丁、乱丁本は弊社送料負担にてお取り替えいたします。